Foued ZOUAI
Fatma Zohra BENABID

Apresentação, Elaboração e Estudo de Nanocompósitos de Poliéster/Argil

Foued ZOUAI
Fatma Zohra BENABID

Apresentação, Elaboração e Estudo de Nanocompósitos de Poliéster/Argil

ScienciaScripts

Cover image: www.ingimage.com

This book is a translation from the original published under ISBN 978-620-3-45090-3.

Publisher:
Sciencia Scripts
is a trademark of
Dodo Books Indian Ocean Ltd. and OmniScriptum S.R.L publishing group

120 High Road, East Finchley, London, N2 9ED, United Kingdom
Str. Armeneasca 28/1, office 1, Chisinau MD-2012, Republic of Moldova, Europe
Printed at: see last page
ISBN: 978-620-5-72081-3

APRESENTAÇÃO, ELABORAÇÃO, ESTUDO DE NANOCOMPÓSITOS DE POLIÉSTER/ARGILA

ZOUAI FOUED
BENABID FATMA ZOHRA

ÍNDICE

INTRODUÇÃO GERAL

Os nanocompósitos de polímero/argila são uma área relativamente importante de investigação. Estes plásticos reforçados têm atraído a atenção de cientistas e industriais porque uma quantidade muito pequena de argila pode melhorar significativamente as propriedades do polímero. Os filossilicatos, como a montmorilonite, têm sido utilizados como materiais de reforço de polímeros devido à sua elevada relação de aspecto (comprimento/diâmetro). Isto confere características únicas (intercalação/exfoliação) aos nanocompósitos de polímero/argila, que regem a melhoria de algumas propriedades interessantes do polímero **[1]**. A utilização de nanocompostos de argila é uma via aberta para melhorar as propriedades e a compatibilidade das misturas **[2-5]**.

Uma das técnicas mais vantajosas e comummente utilizadas para a preparação de combinações polímero/argila é a técnica de extrusão reactiva (ou REX). A originalidade do nosso trabalho reside na utilização de um método desenvolvido no nosso laboratório e que consiste na utilização de agentes reactivos, capazes de esfoliar a argila bruta **[6]**. De facto, com este método a argila não é submetida a qualquer tratamento químico. A utilização de nanocompósitos de polímero/argila justifica-se pela importante dependência da morfologia, do grau de cristalinidade e da dispersão das nano folhas de argila na matriz polimérica **[7]**. As matrizes poliméricas utilizadas são dois poliésteres, nomeadamente o Polietileno tereftalato (PET), o polietileno naftalato e as suas misturas.

O PET é amplamente utilizado devido à sua elevada transparência, estabilidade dimensional elevada e boas propriedades térmicas e mecânicas. É frequentemente utilizado para produzir fibras, filmes e materiais de embalagem que requerem propriedades de barreira intermédias. O PET combina todas estas propriedades com baixo custo. No entanto, em muitas aplicações é desejável melhorar ainda mais certas propriedades, tais como propriedades de barreira para embalagens de alimentos e refrigerantes. Uma alternativa possível para o fazer é utilizar nanocompósitos do tipo MMT **[8]**.

PEN é um poliéster conhecido pelas suas propriedades físicas superiores em comparação com PET. O elevado valor de Tg da PEN (Tg~120°C) leva à melhoria das propriedades mecânicas (módulo elástico, dureza, resistência à deformação, baixa retracção, etc.) [9,10].

A PEN oferece um desempenho significativamente melhorado em relação ao PET em vários aspectos importantes (resistência térmica, maior transição vítrea, melhores propriedades mecânicas, propriedades dimensionais e menor permeabilidade ao gás). Uma abordagem muito interessante é combinar as propriedades e economia do PET com as propriedades térmicas e de barreira da PEN, fazendo misturas de PET/PEN. Estas misturas são inicialmente imiscíveis [11] mas reagem rapidamente e a estrutura de fase muda por transesterificação no derretimento [12,13]. Em geral, a miscibilidade das misturas de poliésteres correlaciona-se com a transesterificação [14-16]. Estas misturas não compatíveis (PET/PEN) são de considerável interesse no campo da embalagem por várias razões: boa relação Estrutura/Propriedades, alta temperatura de funcionamento e o baixo custo do PET [17].

O objectivo deste trabalho é realizar materiais nanocompostos à base de montmorilonite com matriz polimérica PET e PEN, por um lado, e misturas compatíveis de nanocompostos PET/PEN, por outro, utilizando uma argila totalmente esfoliada na matriz, escolhida de acordo com um estudo anterior. A esfoliação total da argila é facilmente conseguida utilizando um novo método [18]. Em comparação com outros métodos, as pilhas de partículas de argila não seguem a etapa de intercalação, mas são esfoliadas directamente. Este é um dos pontos mais importantes deste novo método [19].

Este manuscrito é composto principalmente de quatro capítulos. No primeiro capítulo, são apresentados os materiais estudados, a sua mistura, bem como as propriedades de cada polímero, a sua estrutura, a sua implementação, as suas aplicações e os correspondentes trabalhos de investigação. O segundo capítulo, consiste numa descrição geral dos nanocompósitos, dos agentes de reforço da argila em geral e da montmorilonite em particular e dos seus métodos de modificação, bem como das suas propriedades. O terceiro capítulo descreve a escolha das matrizes, os diferentes materiais e as técnicas experimentais utilizadas para a elaboração de misturas poliméricas e nanocompósitos. Este capítulo apresenta também as diferentes técnicas de caracterização, nomeadamente a análise da estrutura química (FTIR), a caracterização morfológica (SEM, microscopia óptica, AFM e XRD), a análise térmica (DSC, ATG e DMTA), bem como as propriedades mecânicas (tracção, resiliência e microdureza). Apresentaremos as novas características dos materiais nanocompostos obtidos. No final, o manuscrito termina com uma conclusão geral e as diferentes perspectivas que podem ser dadas a este trabalho.

REFERÊNCIAS BIBLIOGRÁFICAS

[1] : KP.Pramoda, M.Ashiq, IY.Phang, L.Tianxi. Transformação de cristais e propriedades termomecânicas dos nanocompósitos de poli(fluoreto de vinilideno)/cloro, Polym. Int. **54**, 226-232, (2005)

[2] : R.Jarrar, AM.Mahmood, Y.Haik. Alteração das propriedades mecânicas e térmicas das misturas de nylon 6/nylon 6,6 por nanoclay, J. Appl. Polym. Sci. **124**,1880-1890, (2012).

[3] : F.Calderas, SO.Guadalupe. In Advances in Nanocomposites-Synthesis, Characterization and Industrial Applications, Reddy BSR, Ed, InTech: Rijeka, Croácia, 101-104, (2011).

[4] : G.Wu, JA.Cuculo. estudos de estrutura e propriedades de fibras fundidas de poli(etileno-tereftalato) poli(etileno-2,6-naftalato), Polymer, **40**, 1011-1018,(1999).

[5] : K.Jaehyun, K.Whanki, Y.Jusun, K.Ho-Jong. Effect of Transesterification on the Characteristics of PET/PEN Blend Flexible Substrate, Polymer (Korea), **35**, 249-253, (2011).

[6] : S.Bouhelal, ME.Cagiao, S.Khellaf, H.Tabet, B.Djellouli, D.Benachour, FJ.Baltà- Calleja, Nanoestrutura e Propriedades Micromecânicas do Polipropileno Isotáctico Reversivel/ Compostos de Argila, J. Appl. Polym. Sci. **115**, 2654-2662, (2010).

[7] : SD.Burnside, EP.Giannelis, Síntese e propriedades dos novos nanocompósitos de poli(dimetil siloxano), Chem. Mater, **7**, 1597-1600, (1995).

[8] : J.Hao, X.Lu, S.Liu, S.K.Lau, e Y.C.Chua, Síntese de Nanocompósitos de Poli(tereftalato de etileno)/ Argila utilizando Argila Aminododecanóica Modificada com Ácido e um Compatibilizador Bifuncional, J. Appl. Polym. Sci, **101(2)**, 1057-1064, (2006).

[9] : A.M.Ghahem e R. S . Porter, J. Polym. Sci. Polym. Phys, **17**,480, (1989).

[10] : C. Santa Cruz, F.J.Balta Calleja, H. G.Zachmann e D. Chen, Cold crystallization studies on PET/PEN blends as revealed by microhardness,J. Mater. Sci. **27**, 2161 (1992).

[11] : WG.Kampert, BB.Sauer. calorimetria diferencial de varrimento; éter eter cetona); cristais de polímero; xray; comportamento; miscibilidade; transesterificação; cristalização; poli (etileno-tereftalato); naftaleno-2,6-dicarboxilato); Polímero, **42**, 8703-8714 (2001) . **17**

[12] : O.Becker, GP.Simon, T.Rieckmann, J.Forsythe, R.Rosu, S.Volker, M.O'Shea. Dielectric relaxation spectroscopy of reactively blended amorphous

poly(ethylene terephthalate)-poly(ethylene naphthalate) films, Polymer , **42,** 1921-1929, (2001).
[13] Lee HM, Dj.Suh, SB.Kil, OO.Park, KH.Yoon. Anomalias reológicas das misturas de poli(etileno 2, 6-naftalato) e poli(tereftalato de etileno), dependendo das composições, Korea Aust. Rheol.J.**11,** 219- 223, (1999).
[14] : DS.Park, SH.Kim, Miscibility study on blend of thermotropic liquid crystalline polymers and polyester, J. Appl. Polym. Sci. **87**,1842-1851 (2003).
[15] : M.Guo, WJ.Brittain. Estrutura e Propriedades dos Poliésteres que Contêm Naftaleno. 4. New Insight into the Relationship of Transesterification and Miscibility, Macromolecules, **31**, 7166-7171,(1998).
[16] O.Becker, GP.Simon, T Rieckmann, JS Forsythe, RF Rosu, S Volker. Separação de fases, propriedades físicas e reologia de fusão de uma gama de misturas de Poli(tereftalato de etileno)-Poly(naftalato de etileno) amorfo transesterificado variadamente , J. Appl. Polym. Sci. **83**, 1556-1567, (2002).
[17] : AE.Tonelli. PET versus PEN: que diferença pode fazer um anel?,Polymer, **43,** 637- 642, (2002).
[18] S.Bouhelal, ME.Cagiao, D.Benachour, B.Djellouli, L.Rong, BS.Hsiao, FJ.Baltà Calleja. Estudo SAXS de polipropileno isotópico/ Nanocompósitos de argila reversivelmente reticulado, J. Appl. Polym. Sci. **117**,3262-3270, (2010).
[19] Z.Denchev, TA.Ezquerra, A.Nogales, I.Sics, C.Alvarez, G.Broza, K.Schulte. J. Polym. Sci. parte B: Polym. Phys. **40**,2570-2578, (2008).

CAPÍTULO I
MATRIZES POLIMÉRICAS USADAS E SUAS MISTURAS

I.1 Propriedades e aplicações do Poli (tereftalato de etileno) (PET)

I.1.1 Apresentação:

O Poli (tereftalato de etileno) (PET) é um poliéster termoplástico. Vítreo à temperatura ambiente, este material oferece qualidades de aparência, leveza e rigidez que o tornaram indispensável na indústria alimentar **[1]**. O PET foi preparado pela primeira vez em 1941 por J.R. Whinfield e J.T. Dickson, ambos trabalhando na Calico Association Printers em Accringt, Reino Unido. Durante as últimas dez décadas, o PET encontrou a sua aplicação em diferentes áreas da indústria têxtil, artigos de espuma, embalagens de bebidas tais como água, sumos de fruta ou refrigerantes **[2]**.
Entre os três principais produtos de PET, nomeadamente fibras, filmes e garrafas, o PET sob a forma de fibras continua a ser o produto mais importante, enquanto os filmes representam o produto menos utilizado, representando cerca de 10% do consumo total de PET **[3]**.
O grande sucesso do PET é uma consequência directa da combinação do seu baixo custo de produção e excelente equilíbrio de propriedades, incluindo facilidade de processamento de fusão, elevada barreira de gás, clareza óptica, capacidade de deformação por cristalização induzida, resistência térmica, alta resistência ao impacto, boa resistência à fluência, tingibilidade, segurança ambiental e reciclabilidade **[2,4]**.

I.1.2 Estrutura molecular:

O monómero constituinte do PET **(Figura.1)** é formado por um fenil associado de cada lado a um radical carboxil (-COO-) (grupo tereftalato), um dos quais está ligado a um radical etilo (grupo etileno). O politereftalato de etileno é um poliéster aromático termoplástico obtido pela reacção de etilenoglicol e ácido tereftálico.

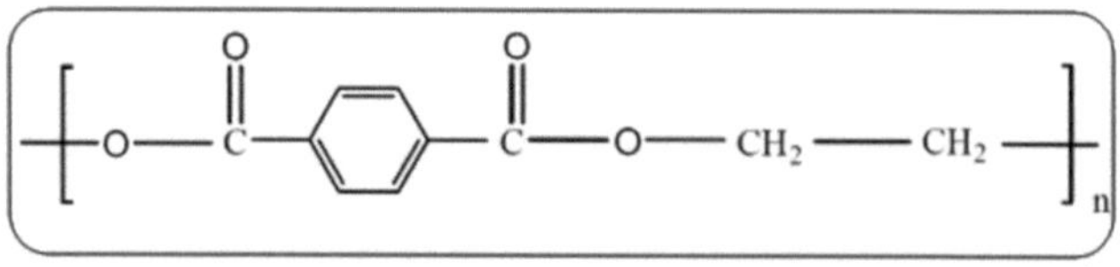

Figura.1:Estrutura química do PET

O grupo do etileno é muito flexível devido à rotação dos átomos em relação à cadeia principal **(Figura 2).** Por outro lado, o grupo do tereftalato é muito mais rígido: os únicos movimentos possíveis são rotações em torno das ligações únicas de oxigénio, localizadas em ambas as extremidades do grupo.

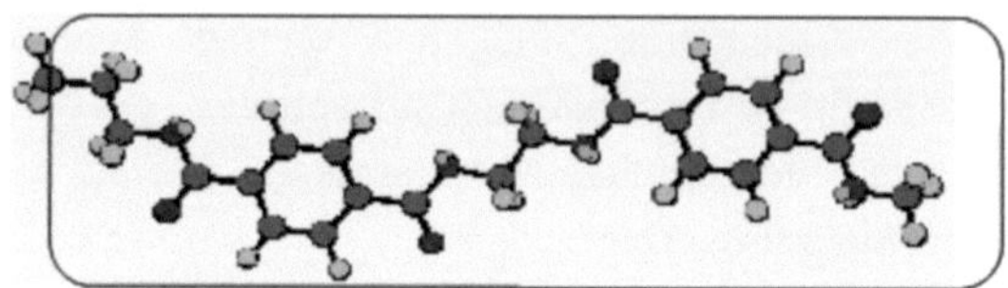

Figura.2: Modelação 3D de PET **[2].**

No estado amorfo, cada macromolécula tem a forma de uma bola dobrada sobre si mesma e é interpenetrada por muitas outras moléculas no mesmo espaço. A coesão do PET amorfo está assim relacionada não só com as forças de Vander Waals, mas também com os obstáculos estéreis constituídos pelos emaranhados das cadeias. A densidade do PET amorfo foi estimada por Daubenyet al em 1954 ($\rho a=1.335 g/cm^3$). No entanto, foram encontrados valores alguns décimos de por cento mais elevados do que os anteriores em estudos mais recentes. A conformação da molécula PET com a menor energia de interacção é planar: o anel de benzeno está no plano do ziguezague planar. É esta conformação que as macromoléculas adoptam quando se cristalizam **(Figura.3)[1]**.

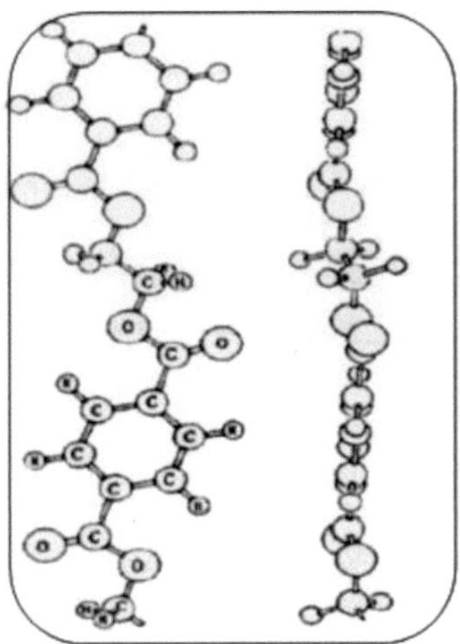

Figura.3: Configuração molecular da mesma unidade**[1].**

I.1.3 Malha cristalina e morfologia do PET semicristalino:

O PET pode ser cristalizado por arrefecimento a partir do estado fundido ou por recozimento a uma temperatura acima de Tg. Podem ser distinguidas três fases de cristalização: Nucleação (ou germinação) durante a qual os núcleos aparecem, crescimento e finalmente cristalização secundária. As lamelas resultantes da cristalização primária constituem a estrutura radial das esferulites enquanto os cristais secundários são formados nos espaços entre as lamelas primárias. A estrutura cristalina do PET é uma malha triclínica com um único motivo de cadeia:

1. O eixo está ao longo da linha de interacção dos electrões dos anéis aromáticos agrupados.

2. O eixo **b** encontra-se ao longo da linha de interacção dipolo-dipolo dos grupos carboxil,

3. O **eixo c** da malha elementar está quase na mesma direcção que as cadeias de polímeros.

De acordo com Daubeny os parâmetros da malha de cristal são os seguintes **[5]:**

Tabela .1: Parâmetros da malha PET **[5]**:

a=4.56	α=98.6°
b=5.94	β=118°
c=10.75	γ=112°

Como se mostra na **Figura 4**, o eixo c da malha elementar está na mesma direcção que as cadeias de polímeros. O eixo está ao longo da linha de interacção dos electrões π dos anéis aromáticos. O eixo b está ao longo da linha dipolo dipolo de interacção dos grupos carboxil das mesmas cadeias.

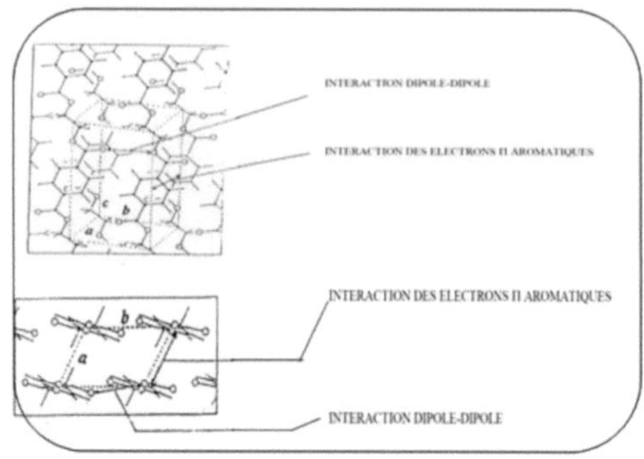

igure.4: Trama triclínica elementar da fase de cristal PET **[5]**.

I.1.4 Cristalização de PET:

Embora a estrutura cristalina só possa ser modificada em casos específicos, a textura e morfologia dos polímeros cristalinos pode ser significativamente modificada por tratamentos físicos ou mecânicos apropriados. Quando o PET é cristalizado, após um tratamento térmico adequado, a partir do estado vítreo, pode desenvolver duas morfologias diferentes, dependendo da sua taxa de cristalização. De facto, o processo de cristalização terá lugar em duas etapas **[6]**:

- para taxas de cristalinidade inferiores a 34%, os locais de germinação crescem até as esferulites se tocarem umas às outras (cristalização primária).

- Para taxas de cristalinidade superiores a 34%, as lamelas cristalinas de esferulite engrossam, a interpenetração das fases amorfa e cristalina é mais importante e a cristalização desenvolve-se mais nas regiões amorfas entre as lamelas (cristalização secundária).

Vários polímeros semi-cristalinos exibem múltiplos picos de fusão. A origem deste fenómeno tem sido o tema de muitos estudos **[7]**.

Quando o PET é cristalizado a partir do estado fundido com taxas de arrefecimento lentas, apenas um pico de fusão é observado. Isto significa que ocorreu uma distribuição relativamente uniforme do tamanho da lamela. Contudo, para PET cristalizado e recozido a uma temperatura entre Tg e Tf, ou isotermicamente cristalizado, observam-se dois picos de fusão endotérmicos: um pico menor a baixa temperatura (cerca de 20°C acima da temperatura de cristalização ou recozimento) e um pico maior a alta temperatura, ou seja, à temperatura de fusão geralmente mencionada a cerca de 250°C para PET.Dois mecanismos foram propostos para a interpretação dos picos de fusão duplos: Uma morfologia dupla e fusão-refusão-recristalização-refusão. Após a primeira interpretação, os dois picos de fusão podem ser explicados por dois tipos diferentes de lamelas ou morfologias, onde os cristais mais finos que derretem a baixa temperatura são assumidos como sendo incapazes de se reorganizar em cristais que derretem subsequentemente a alta temperatura, não alterando assim o pico de fusão, alta temperatura associada a cristais espessos **[8]**.

Para a segunda interpretação, o fenómeno de "fusão dupla" poderia ser chamado "fusão múltipla", uma vez que os polímeros semi-cristalinos podem desenvolver uma série de pequenos picos endotérmicos abaixo da temperatura de fusão principal, quando a cristalização foi conseguida em múltiplas etapas isotérmicas entre Tg e Tf durante o arrefecimento **[9]**.

A equação de Gibbs-Thompson **[10]** fornece uma correlação entre o aumento observado nos picos de temperatura de fusão e o espessamento lamelar.

A teoria é assim:

$$T_f = T_f^0\left(1 - \frac{2\gamma_e}{\Delta H_f . L}\right)$$

Onde

$Tf0$ = o ponto de fusão de um cristal perfeito infinito.

γe = a energia da superfície dos cristais.

ΔHf = o calor da fusão.

L = a espessura lamelar do cristal.

Usando a equação de Gibbs-Thompson, vários autores explicaram o fenómeno de fusão de PET múltipla pela presença de distribuições de tamanho de lâminas múltiplas **[11]**.

Outros autores propõem em vez disso um mecanismo de recristalização-refusão segundo o qual uma cristalização a baixa temperatura produz cristais de baixo grau de perfeição que podem derreter e recristalizar sob a forma de cristais de melhor perfeição ou de maior espessura. Estes últimos derretem a uma temperatura mais elevada durante o teste DSC **[12]**. Contudo, quando não estiver suficientemente cristalizado, o polímero semi-cristalino pode sofrer um aumento de cristalinidade durante o ensaio de DSC ou recozimento isotérmico

[13]. O PET é um poliéster aromático semicristalino. Dependendo dos métodos e condições de fabrico, pode ser em formas amorfas ou cristalinas. O PET tem uma temperatura de transição vítrea (Tg) de cerca de 80 °C e uma temperatura de fusão (Tm) de cerca de 255 °C **[4,14]**.

I.1.5 Síntese PET:

Existem duas abordagens principais para a produção de PET que diferem nos reagentes iniciais utilizados: ácido tereftálico (TPA) e etilenoglicol (EG) para a primeira abordagem, e dimetil tereftalato (DMT) e etilenoglicol (EG) para a segunda **[2,4,15]**. Em ambos os métodos, o bis diester (tereftalato de etileno hidroxilo) (BHET) é formado ou por esterificação directa de TPA e EG purificados ou por transesterificação de DMT e EG, com água ou metanol como subprodutos. Depois, o BHET é polimerizado por policondensação de Melt para produzir PET, como mostra a **Figura.5** **[3,4,15]**. Os catalisadores utilizados na fase de policondensação do PET incluem antimónio (Sb), zinco (Zn) ou acetatos de chumbo (Pb), óxidos de antimónio (Sb), germânio (Ge), ou Pb, compostos organo-titânio Ti(OR)4 e compostos organoestânicos **[4]**.

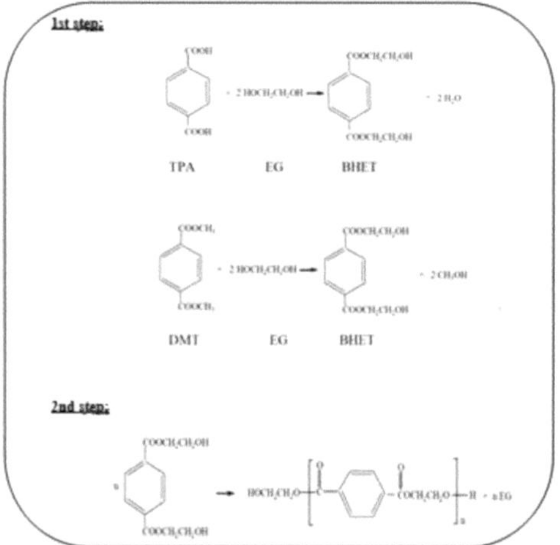

Figura.5: Principais reacções envolvidas na polimerização do PET

Devido à dificuldade de purificação prévia de TPA, a produção de PET baseava-se na tecnologia DMT. No entanto, todas as fábricas modernas de PET, seguem a rota do TPA após a maior disponibilidade de TPA purificado devido aos avanços tecnológicos nos processos de purificação **[3]**.

Dependendo das utilizações finais específicas, devem ser seleccionados diferentes níveis de peso molecular de PET. Na indústria, em geral, o peso molecular do PET é considerado como a viscosidade intrínseca (IV) ou o índice de viscosidade limite [η]. A relação entre (IV) e o peso molecular depende de condições experimentais como a utilização de solventes e a temperatura. As gamas típicas (IV) para diferentes aplicações estão listadas na **Tabela.2** [4].

Quadro.2: A IV gama de PET para diferentes aplicações

Utilizações	IV(dl/g)
Têxteis	0.55-0.65
Filmes e Fitas	0.65-0.75
cordas de pneus	1.00
Garrafas	0.7-1.00

O PET de qualidade têxtil pode ser obtido directamente através da polimerização por fusão. A fim de obter um PET de alta qualidade (IV) em garrafa ou fio de pneu, um processo separado chamado polimerização em estado sólido (SSP) deve ser aplicado aos pellets de PET após a polimerização em fusão**[4]**.

O processo SSP é uma reacção realizada a uma temperatura inferior à temperatura de fusão do PET, mas acima da sua temperatura de transição vítrea**[16]**.

I.2 Propriedades e aplicações do Poli (naftaleno de etileno) (PEN)

I.2.1 Apresentação:

PEN pertence à mesma família química que o PET (poliésteres aromáticos saturados). Embora haja uma procura considerável de PET, são desejadas propriedades térmicas e mecânicas mais elevadas para determinadas aplicações. O PEN foi preparado pela primeira vez em 1948 por cientistas do ICI **[17]**. A sua utilização tornou-se mais promissora em várias aplicações industriais nos últimos trinta anos, devido às propriedades superiores em comparação com o PET e outros poliésteres. Recentemente, este interesse aumentou com a disponibilidade de grandes quantidades de monómeros básicos utilizados na sua síntese **[18]**, e por outro lado com as possibilidades de implementação e elaboração do produto com a forma desejada **[19]**.

Assim, a PEN é utilizada como meio de gravação magnética devido à sua excelente estabilidade dimensional, mesmo como uma película muito fina **[20]**.

Como barreira de difusão, as embalagens alimentares e médicas têm beneficiado da sua baixa permeabilidade ao oxigénio, entre outras **[21]**. No campo da engenharia eléctrica, sob a forma de filmes finos (<1µm) estirados biaxialmente e com propriedades dieléctricas comparáveis ao PET, tem um lugar importante em algumas aplicações **[22]**. É utilizado, por exemplo, como isolante operacional até 155 °C, permitindo o enrolamento de condutores em motores eléctricos. As suas temperaturas características também permitiram o desenvolvimento de condensadores miniaturizados. Isto significa que o material pode suportar um impulso de soldadura de 10 segundos a 260 °C, o que não foi possível com outros poliésteres **[23]**. A tendência actual no campo da electrónica para a miniaturização de sistemas é, portanto, assegurada pela utilização deste tipo de material. Todas estas propriedades são baseadas na estrutura química da PEN.

I.2.2 Estrutura molecular:

O monómero constitutivo da PEN **(Figura.6)** é formado por um naftaleno associado em cada lado (carbon2e6) a um radical carboxílico (-COO-) (grupo naftalato), um dos quais está ligado a um radical etílico (grupo etileno). O polietileno naftalato é um poliéster aromático termoplástico obtido pela reacção de etilenoglicol e ácido dicarboxílico 2,6-naftaleno.

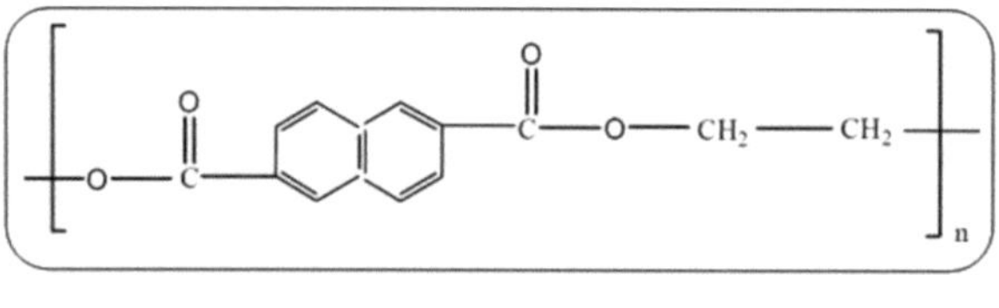

Figura.6: Estrutura química da PEN

PEN é caracterizada por uma parte aromática mais importante que o PET, que representa uma maior proporção da unidade monomérica e lhe confere as virtudes da aromaticidade com um maior impacto (propriedades térmicas entre outras) **[19]**. Este tipo de agrupamento de naftaleno é susceptível de tornar as cadeias mais rígidas e justifica uma temperatura de transição vítrea próxima de 125 °C, bem como uma temperatura de fusão de cerca de 267 °C. A natureza semi-rígida da cadeia PEN permite-lhe, tal como o PET, cristalizar sob a influência de stress mecânico ou térmico, ou pelo efeito combinado de ambos **[24]**. A estrutura da PEN semicristalina pode ser definida em diferentes escalas de organização.

• Escala das moléculas da ordem de algumas Angstroms que caracteriza a conformação da cadeia e o empilhamento das cadeias vizinhas.

• Escala das lamelas da ordem das cem Angstroms.

• Escala de esférulas da ordem de alguns microns ou mais.

I.2.3 Malha cristalina e morfologia da PEN semi-cristalina:

PEN é também um poliéster cristalizável, mas com uma tendência reduzida para cristalizar, tem um Tf de cerca de 265 °C, o que requer temperaturas de fabrico elevadas. Dependendo da história térmica, a sua fase cristalina pode existir em duas grandes formas cristalinas (α ou β) que são ambas triclínicas **[25]**. A cristalização do material a partir do estado vítreo ou do estado fundido a temperaturas inferiores a 200 °C leva a uma malha de malha triclínica α (**Tabela.3**), onde uma única cadeia passa através da célula **[26]**. Num estudo da cristalização e cinética de fusão da PEN, numa amostra fundida a 280 °C, foi relatado que a forma β, através de uma célula triclínica de quatro cadeias (**Tabela.3**), foi obtida quando a temperatura de recozimento da cristalização (Tr) é superior a 200 °C **[27]**.

Tabela .3: Parâmetros da malha PEN **[27]** :

Forma de cristais		Formulário α	Formulário β
Sistema Cristalino		Triclinic	Triclinic
Parâmetro da célula			
	a (nm)	0.651	0.926
	b (nm)	0.575	1.559
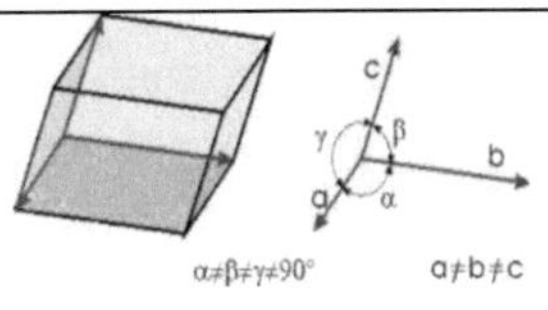 α≠β≠γ≠90° a≠b≠c	c (nm)	1.320	1.273
	α (°)	81.330	121.6
	β (°)	144.000	95.57
	γ (°)	100.000	122.52
Densidade ρ (g/cm)3		1.407	1.439
Número de unidades de repetição		1	1
Número de canais		1	4

O desenvolvimento de uma grelha de cristal unitária de PEN não pode ter lugar sem uma orientação espacial particular das cadeias, daí o interesse em definir as diferentes conformações características de cada grelha de cristal. Neste caso, é óbvio que a parte flexível da cadeia da PEN (parte alifática) adopta uma conformação exclusivamente trans. Isto significa que as ligações: -O-CH2-, -CH2- CH2- e -CH2-O- exibem conformações trans-trans. Uma comparação com PET revela uma peculiaridade da PEN, que resulta da presença de um anel aromático adicional, nomeadamente a ausência de um eixo de rotação livre dos anéis aromáticos através das ligações Caliph-Carom. Como resultado, o PEN é mais rico em arranjos espaciais dos grupos ésteres com os anéis aromáticos **(Figura 7)**.

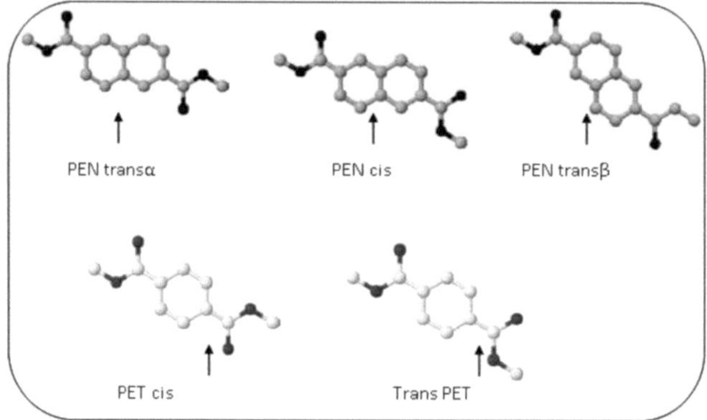

Figura 7. Conformações de anéis aromáticos em PEN e PET **[28]**

A figura7 mostra que a PEN pode adoptar duas conformações trans (trans α e ttrans β) e isto depende da forma de cristal correspondente α ou β. O núcleo de naftaleno sofre uma rotação de 180°C em relação à conformação trans α. Isto resulta em unidades características mais curtas numa conformação trans β e, portanto, numa morfologia mais compacta da cadeia. Neste caso, as cadeias não são completamente desdobradas **[28]**.

Um estudo de electronmicroscopia das fases iniciais de cristalização da PEN a temperaturas acima de Tg entre 145 e 220°C revela que o recozimento a temperaturas relativamente baixas (<165°C), para durações curtas (<40mn), induz uma separação de fases dentro do material entre fases cristalizáveis e não cristalizáveis. O aumento do tempo de recozimento provoca uma maior separação dentro das fases cristalizáveis pela formação de lamelas cristalinas e fases amorfas. Posteriormente, o número e tamanho das lamelas cristalinas aumenta com a temperatura e o tempo de recozimento **[29]**.

Entretanto, um segundo estudo mostra que a PEN pode cristalizar-se em dois regimes: I e II. O regime II corresponde ao desenvolvimento de uma morfologia esférica clássica. Por outro lado, o regime I só é obtido quando o material é cristalizado a uma temperatura elevada a partir da fusão de (Tr≥250°C), a unidade morfológica neste caso é uma estrutura intermédia entre um único cristal e uma esferulite. Esta estrutura mostra um comportamento óptico anisotrópico, ou seja, que os eixos dos cristais são orientados na mesma direcção preferencial**[30]**.

Um terceiro estudo mostrou que a cristalização isotérmica da PEN passa por duas fases. Durante a primeira fase, o tamanho das entidades morfológicas aumenta consideravelmente, bem como a cristalinidade do material. O regime de desenvolvimento destas entidades depende essencialmente das condições de obtenção das mesmas. Uma vez preenchido o volume do material com estas entidades, a segunda fase de cristalização começa com a criação de novas lamelas dentro dos pacotes lamelares, estas lamelas tornam-se mais espessas no momento em que as regiões amorfas são mais finas e são criados novos pacotes lamelares entre as já criadas durante o primeiro processo de cristalização **[31]**.

Outro estudo mais recente, destinado a investigar a origem da fusão múltipla em PEN, mostrou que o mecanismo de espessamento lamelar é dominante a partir de uma certa temperatura limite estimada em 210 °C quando o material é cristalizado a partir do estado vítreo e isto resulta numa distribuição estreita do tamanho lamelar **[32]**.

I.2.4 Síntese NEP:

Os processos de fabrico do PEN são semelhantes aos do PET e seguem também duas vias principais que diferem nos monómeros iniciais utilizados: dimetil- 2,6-dicarboxilato de naftaleno (NDC) e etilenoglicol (EG), ou naftaleno-2,6-ácido dicarboxílico (NDA) e etilenoglicol (EG). O monómero mais utilizado é o NDC devido à disponibilidade limitada (NDA), que é ainda mais difícil de extrair e purificar. Além disso, o NDC também tem uma baixa produtividade, especialmente antes dos anos 90, era produzido a partir da extracção de petróleo.A partir do (NDC), existe uma policondensação de ácido naftaleno-2,6-dicarboxílico e etilenoglicol que dá a PEN após a eliminação, por aquecimento, da água criada durante a reacção **(figura.8)**, que é chamada processo directo **[33]**.

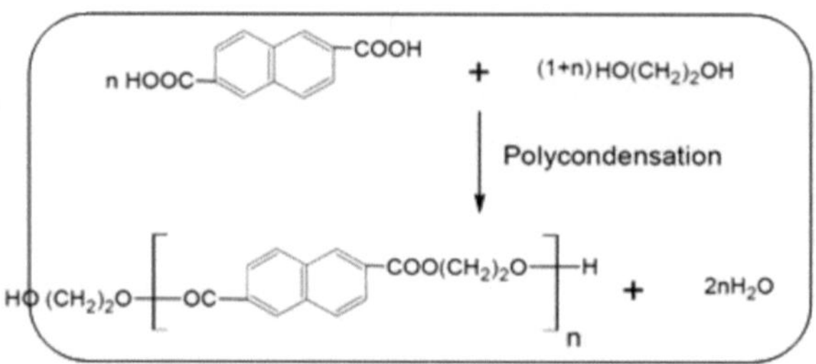

Figura.8: Reacção directa de policondensação **[33].**

O processo indirecto é uma reacção de transesterificação a quente, na presença de acetato de manganês como catalisador, de naftaleno-2,6-dicarboxilato éster dimetílico com etilenoglicol dá naftaleno-2,6-dicarboxilato de dietilenoglicol. Em seguida, um aquecimento a 280 °C sob vácuo deste composto com etilenoglicol dá por condensação a PEN. O catalisador utilizado neste caso é o trióxido de antimónio **(figura.9) [34,35]**.

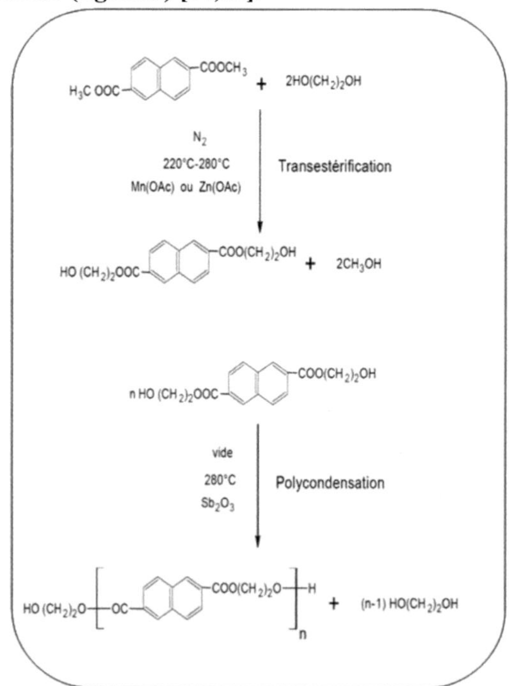

Figura.9: Reacção de transesterificação indirecta **[34,35]**

I.3 Misturas PET/PEN

I.3.1 Apresentação:

As propriedades superiores da PEN oferecem o potencial dos poliésteres para preencher a lacuna em aplicações comerciais entre o PET e plásticos de alto desempenho, tais como as poliimidas. À medida que a economia de fabrico melhora, espera-se que a PEN substitua as poliimidas ou mesmo o vidro em muitas aplicações. Vários produtos baseados em PEN já são comercializados e utilizados em todo o mundo, tais como garrafas PEN e frascos e frascos de cosméticos no Japão e na Dinamarca **[36].**

As últimas utilizações da PEN dividem-se em quatro categorias:

1. Filmes para várias aplicações, incluindo armazenamento magnético, suportes fotográficos e electro-electrónicos, aplicações de gestão de iluminação, bem como novas aplicações, tais como filmes flexíveis para embalagem e dispositivos à prova de intempéries **[37].**

2. Embalagens recuperáveis de garrafas de água mineral, enchimento a quente de garrafas para alimentos (sumos e bebidas desportivas), garrafas esterilizáveis e farmacêuticas **[36]**.

3. Fibras de alto desempenho, incluindo reforço de pneus, mangueira de jardim, e cintos **[38]**.

4. Aplicações de resinas nos campos automóvel, eléctrico, alimentar e médico **[39]**.

I.3.2 .2 Comparação de propriedades entre PET e PEN:

Ao contrário do PET, que tem um único anel aromático por unidade de repetição na cadeia principal, o PEN tem uma unidade de repetição de naftaleno representada por dois anéis aromáticos condensados dando mais rigidez à cadeia e participando na melhoria das propriedades térmicas, químicas, mecânicas e de barreira do PEN, em comparação com o PET. O PEN tem uma temperatura de transição vítrea (Tg) mais elevada do que o PET, ainda tem uma permeabilidade ao gás reduzida em comparação com o PET, oferece quatro vezes a propriedade de barreira do oxigénio, cinco vezes a propriedade de barreira do dióxido de carbono e 3,5 vezes a propriedade de barreira da humidade do que o PET. A PEN também oferece maior resistência à luz UV e apresenta melhores propriedades mecânicas.

O Quadro 4 lista as propriedades comparativas de PET e PEN **[2]**.

Quadro.4: Propriedades comparativas entre PET e PEN **[2]**

PROPRIEDADE	UNIDADE	PET	PEN
Temperatura de transição vítrea Tg	°C	80	122
Permeabilidade ao oxigénio (O2)	cm3 .mm/m2 .day.atm	2.4	0.6
Permeabilidade do dióxido de carbono (CO2)	cm3 . mm/m2 . dia. atm	12.2	2.4
Transmissão de vapor de água	g . mm/m2 .dia. atm	0.7	0.2
Resistência à hidrólise	h	50	200
Resistência à tracção	Mpa	45	60
Módulo jovem	Mpa	3900	5200
Absorção de UV a 360nm	%	1	17
Resistência às radiações	MGy	2	11
Temperatura de funcionamento mecânico contínuo	°C	105	160
Encolhimento húmido	%	5	1
Encolhimento a seco	%	1.3	0.6

I.3.3 .3 Objectivos e razões para a mistura PET/PEN:

Embora o PET seja um material de embalagem muito bom utilizado numa grande variedade de aplicações, tem as suas limitações em algumas áreas. Devido às suas permeabilidades relativamente elevadas de oxigénio, as garrafas PET de camada única não podem ser utilizadas para embalagens de bebidas sensíveis ao oxigénio. Sem a utilização de tecnologia especial, como o ajustamento térmico ou outros tipos de tratamento térmico, as garrafas PET teriam dificuldade em suportar as condições aplicadas durante o enchimento a quente de muitos alimentos e sumos. Nestas áreas, a PEN seria uma excelente alternativa, contudo, as aplicações comerciais da PEN são limitadas pelo seu custo de fabrico. A combinação das propriedades superiores da PEN com a economia da PET por mistura ou copolimerização é uma forma prática de conseguir materiais de alto desempenho. Embora a copolimerização possa fornecer as propriedades intermediárias necessárias do material, a mistura é uma melhor forma de avaliar o comportamento do material através da medição da cristalinidade que será sempre necessária para alcançar as propriedades mecânicas e de barreira desejadas (como no caso do processo de moldagem por sopro de estiramento). Neste contexto, foi relatado que as misturas PEN/PET são capazes de ser cristalizadas **(Figura.5)** as misturas, são cristalizáveis na região de 15-85% NDC. Assim, espera-se que as misturas sejam de maior importância comercial do que os copolímeros **[40]**. Para que as misturas PEN/PET possam ser colocadas em uso, existem dois requisitos principais, nomeadamente a miscibilidade e o peso molecular. O problema da miscibilidade dos polímeros surge durante o processo de mistura porque a maioria dos polímeros são termodinamicamente imiscíveis devido à mudança positiva da energia livre (ΔG) (este é o caso das misturas de PEN/PET). As misturas de PEN/PET são inerentemente imiscíveis e opacas. Isto porque a dimensão das partículas da fase dispersa é suficientemente grande para dispersar a luz incidente. Só quando a dimensão da partícula é reduzida devido à miscibilidade suficiente entre as duas fases é que se pode obter um polímero transparente **[41]**. Outro factor importante a ser considerado para aplicações industriais de misturas PEN/PET, especialmente embalagens de alimentos, é o peso molecular. Tharmapuram e Jabarin **[42]** descobriram que na mesma escala de peso molecular, as misturas de PEN/PET têm rácios de extracção mais elevados do que o PET. Descobriram também que esta razão de estiramento depende da composição da mistura. Concluíram que as misturas PEN/PET com pesos moleculares mais elevados que o PET seriam necessárias para a produção de melhores garrafas utilizando máquinas ISBM convencionais sem alterar nem a pré-forma nem o desenho do molde (moldagem por sopro por estiramento). Para obter misturas transparentes de PEN/PET com um peso molecular mais elevado, um método de mistura pode ser feito por extrusão de PET e PEN de alto peso molecular. Além disso, para conseguir melhores misturas (ou seja, alcançar níveis críticos de transesterificação), devem ser utilizadas temperaturas mais elevadas durante um longo período de residência, o que promove a degradação do material. Estas duas preocupações cruciais para as misturas de PEN/PET favorecem a polimerização em estado sólido (SSP), o melhor processo, que pode ser aplicado a misturas deste tipo que possuem tanto miscibilidade suficiente (reacção de transesterificação) como IV elevado sem as desvantagens encontradas no processo de mistura de fusão, as misturas de PEN/PET chamaram a atenção dos investigadores pelo trabalho de Shepherd e tal**[43]** que misturaram em 1991 três componentes (PET,PEN e um co-poliéster). Em 1994, Shi e Jabarin **[44]** estudaram a reacção de transesterificação entre PET e PEN durante a mistura de fusão em extrusor. Descobriram que as reacções eram controladas por muitos factores, tais como a temperatura e o tempo de mistura. Jiang e Jabarin **[45]** estudaram a foto-degradação das misturas PEN/PET, os diferentes factores considerados foram o tempo de irradiação UV e a condensação. Verificaram que as propriedades de barreira UV das misturas foram melhoradas em relação às do PET de uma forma significativa. A investigação nesta área não estaria completa sem a preparação bem sucedida das misturas de PEN/PET. Como continuação do trabalho na área das misturas PEN/PET, o projecto actual foi concebido para alcançar o objectivo de produzir recipientes de mistura PEN/PET com propriedades óptimas. A chave para alcançar este objectivo é trazer o processo SSP para todo o ciclo de fabrico da mistura PEN/PET. Ao fazê-lo, esperamos que as melhores misturas de PEN/PET com melhor miscibilidade e elevado peso molecular possam ser utilizadas directamente no equipamento convencional de moldagem por injecção e sopro por estiramento, sem qualquer alteração no design das máquinas. Por conseguinte, as seguintes questões foram colocadas para serem os objectivos específicos da investigação actual:

1. Investigar os efeitos de factores envolvidos no processo da SSP, tais como tempo e temperatura, concentração de PEN nas misturas, e IV inicial das misturas, que são precursores da reacção e transesterificação da SSP. Compreender a cinética e desenvolver um mecanismo para as reacções de policondensação e transesterificação das misturas de PEN/PET.

2. Estabelecer a relação entre as propriedades térmicas das misturas PEN/PET polimerizadas pelo processo SSP e as condições de reacção. As propriedades importantes incluem comportamento de fusão, fenómeno de cristalização dinâmica, comportamento de cristalização a frio, e estabilidade térmica.

3. Utilizar o processo de fabrico convencional (moldagem por injecção e sopro por estiramento) para produzir garrafas transparentes com propriedades óptimas a partir de misturas PEN/PET. Estabelecer a relação entre

A importância das condições de funcionamento, tais como as temperaturas de moldagem por injecção e sopro por estiramento, por um lado, e as propriedades das misturas PEN/PET preparadas pela SSP, tais como a taxa de transesterificação e o peso molecular **[46].**

REFERÊNCIAS BIBLIOGRÁFICAS

[1] B.Wunderlich,CrystalStructure, Morphology, Defects,Macromolecularphysics,1,382-401, (1973).

[2] :D.D.Callander, Capítulo9 em ModernPolyesters: Chemistryand TechnologyofPolyestersandCopolymers, editado porJ.Scheirsand T. E.Long, John Wiley and Sons, Ltd, 2003.

[3] : V.B.Gupta eZ.Bashir,Capítulo 7 no Manual de Poliésteres Termoplásticos,Vol.1, editado porStoykoFakirov, WILEY-VCHVerlagGmbH, Weinheim, 2002.

[4] : S.A.Jabarin, ACourseonPET Technology:Processingcharacteristics ofPET/PEN blends,part 1: Extrusion and transesterificationreaction kinetics, TheUniversityofToledo, 2003.

[5] A.ErshadLangroudi,Etudeela deformationviscoelastique etplastique du PETamorp sheet semi-cristallin autour dela transition vitreuse,Thèse de doctorat,INSA:Lyon,202,(1999).

[6] G.Vigier,J.Tatibouet,A.Benatmane, R.Vassoille, Amorphousphaseevolutionduringcrystallization,ColloidPolym.Sci.,**270**,1182-1187,(1992).

[7] T.Y.Ko,E.M.Woo, Changeand distribution of lamelle in the spherulites ofPEEK upon stepwise crystallization,Polymer,**37**, 1167-1175,(1996).

[8] : R.S.Stein, A.Misra,Morphological studies on poly(butylenesterephthalate),J.Polym.Sci.,**18**, 327-342, (1980).

[9] : E.M.Woo, T.Y.Ko, A differential scanningcalorimetrystudyon PETisothermallycrystallized at a stepwise temperatures: multiplemeltingbehaviorreinvestigated",ColloidPolym.Sci., , **274**, 309-315, (1996).

[10] : J.I.Lauritzen,J.D.Hoffman, Theoryof formation of polymercrystals withfoldedchains in dilute solution,J.Res. Nat. Bur. Stand. **64**, 73-102, (1960).

[11] :T.Y.Ko, E.M.Woo, Changeand distribution of lamelle in the spherulites ofPEEKupon stepwise cristallization,Polymer,**37**, 1167-1175,(1996).

[12] F.Fontaine, J.Lendent, G.GroeninckxandH.Reynaers, Morphologyandmeltingbehaviour ofemi-crystallinePET, Polymer,**23**, 185-191, (1982).

[13] :D.C.Bassett, R. H.Olley e A. M.AlRaheil,On the crystallizationphenomena inPEEK,Polymer,**29**, 1745-1754, (1988).

[14] : S. A.Jabarin,Orientation studies ofpoly(ethylene terephthalate),PolymerEngineering and Science, **24**, 376, (1984).

[15] : S. A Jabarin,PolymericMaterials Encyclopedia, edited byJ.C.Salamone, CRCPress,Boca Raton, Florida,**8**, 6078, (1992).
[16] **:** R.Po, E. Occhiello, G. Giannotta,L. Abis,L.Pelosini**,** Newpolymericmaterialsforcontainers manufacture based on PET/PEN copolyestersand blends, Polymer forAdvanced Technologies,**7**, 365-373, 1996.
[17] **:** S.Buchner,D.Wiseme eH.G.Zachmann,Kinetics of crystallizationand meltingbehaviour ofpoly(ethylenaphthalene-2, 6-dicarboxylate),Polymer, **30**, 480-488,(1989).
[18] :D.Chen, H.G.Zachmann, Glasstransitiontemperatureofco polyesters orPET,PEN e PHBas determinados por análise mecânicadinâmica, Polymer,**32**, 1612-1621, (1991).
[19] : E.KrauseJ.Guastavino, J.Rault, R.Grob, C.Mayoux,Poly(ethylenenenaphthalene2,6 dicarboxilato)ageingunderelectrical discharges, 4th InternationalConference onProperties and Applications of Dielectric Materials, July3-8, Brisbane,Australia,(1994).
[20] S.Yasufuku, Application of poly(ethylene naphthalate) films to electricalanaudio-visual uses in Japan, IEEEEEElectrical Insulation Magazine,**12**, 8- 14,(1996).
[21] : M.E.Stewart, A.J.Cox, D.M.Taylor,Reactive processingof poly(ethylene 2, 6- naphthalene dicarboxylate)/poly(ethyleneterephthalate) blends, Polymer,**34**, 4060, (1993).
[22] I.W.Clelland,R.A.Aprice,Capacitores de filme de precisão para circuitos de alta frequência,Technicalpapersof the8th international High Frequency Power ConversionHFPC'93,Ventura, USA, 279-291, (1993).
[23] S.P.S.Yen,L.Lowry,P.J.Cygan, J.R.Jow,Theinvestigation of6µmbiaxiallyorientedpolyethylene-2,6-naphthaleneas a possible dielectricforpulse powercapacitors,CRTS'93, Costa Mesa.Ca,8-11 de Março, (1993).
[24] M.Cakmak,Y.D.Wang,M.Simhambhatla,Processingcharacterization,structur edeve lopment, and propertiesofun and biaxiallystretched poly(ethylene2,6naphthalate) (PEN)films, PolymerEngineeringScience,**30**, 721-733, (1990).
[25] B.Huand R.M.Ottenbrite, Capítulo 10 em ModernPolyesters: ChemistryandTechnology of Polyestersand Copolymers, edited byJ.Scheirsand T. E.Long, JohnWiley&Sons,Ltd,(2003).
[26] Z.Mencik,Krystalicka strukturapolyckondenzatu kyselinynaftalen 2, 6dikarbonove s etylenglykolem, Chemicky Prumysil,**17**, 78-81,(1967).
[27] S.Buchner,D.Wiswe, H.G.Zachmann,Kinetics of

crystallizationandmeltingbehavior of poly(ethylene-2,6-naphthalene dicarboxylate),Polymer, **30**, 480-488,(1989).
[28] A.E.Tonelli,PET versus PEN: qual é a diferença de canaringmake?,Polymer,**43**,637-642,(2002).
[29] F.G.Belta-Calleja,D.R.Rueda, G.H.Michler,I.Naumann, Morphologyofpoly(ethylene naphthalate-2,6-dicarboxylate):Firststage ofcrystallization,Journal ofMacromolecularScience-Physics,**37**, 411-419, (1998).
[30] S.W.Lee, M.Cakmak,Growthhabits andkinetics of crystallization ofpoly(ethylene-2,6-naphthalate) under isothermal and non-isothermal conditions,Journal of MacromolecularScience-Physics,**4**, 501-526, (1998).
[31] : M.Barkand, H. G.Zachmann,Medições simultâneas de pequenos ângulosX-rayscattering,wideangleX-rayscattering e troca de calor durante a cristalização e fusão de polímeros,ActaPolymerica,**44**, 259-265, (1993).
[32] Z.Denchev, A.Nogales, T.A.Ezquerra,J.Fernandez-Nascimento,F.J.Belta-Calleja, Sobre a origem do comportamento de fusão múltipla em poli(etilenaftaleno-2,6- dicarboxilato): O estudo micro estrutural revelou a calorimetria bidifferencial de varrimento e oXrayscattering, JournalPolymerScience,**38**,1167-1182, (2000).
[33] M.Vesly,Z.Zamorsky,policondensados mistos à base de tereftalicida-2,6-naftaleno dicarboxílico e etilenoglicol, Plast e Kautshuk,**10**,146- 149,(1963).
[34] S.Buchner,D.Wiswe, H.G.Zachmann,Kinetics of crystallizationandmeltingbehavior of poly(ethylene-2,6-naphthalenedicarboxylate),Polymer, **30**, 480-488,(1989).
[35] D.Chen, H.G.Zachmann, Glasstransitiontemperature of co-polyesters orPET,PEN e PHBas determinados por análise mecânicadinâmica,Polímero,**32**,1612-1621,(1991).
[36] Aplicações de embalagem,Aplicações de naftalatos,BPnaphthalates,BPchemicals website,www.bpchemicals.com/naphthalates,June, 2001.
[37] :Filmapplications,Naphthalateapplications,BPnaphthalates,BPchemicalsweb site, www.bpchemicals.com/naphthalates,August, 2001.
[38] : Aplicações de fibra,Aplicações de naftalatos,BPnaphthalates,BPchemicalswebsite, www.bpchemicals.com/naphthalates, Junho, 2001.
[39] Aplicações de engenharia,aplicações de naftalatos,BPnaphthalateapplications,BPnaphthalates
página web de produtos químicos,www.bpchemicals.com/naphthalates, Junho, 2001

[40] :D.C.HoffmanandJ. K. Caldwell,PredictingBarrierandGlass TransitionTemperature Enhancements in PET/PEN blends,SpecialtyPolyester'95 presentation,1995.

[41] F.Pilati,M.Fiorini,C.Berti,Capítulo2 em Transacções em polímeros de condensação, editado porStoykoFakirov, Wiley/VCH,1999.

[42] **:** S.R.Tharmapuram,S.A.Jabarin.Processingcharacteristics of PET/PEN blends,part 3:Injection molding and free blow studies, Advancesin polymer technology,**22**,155-167,(2003).

[43] F.A.Shepherd, R.L.Ronald,U.S. Pat. 5, 006, 613, 1991.

[44] **:** Y.Shi, S.A.Jabarin,Crystallization kinetics ofpoly(ethylene terephthalate)/ misturas de poli (etileno 2, 6-naftalato),Journal of Applied Polymer Science, **81**,23- 37,2001.

[45] : Y. Jiang, Dissertação de Doutoramento, Instituto de Polímeros, Universidade de Toledo, 2001.

[46] Q.Fu, Solid statepolymerization, processing and PET/PEN propertiesimportantconcernsforPET/PEN blendsmiscibility, tese de doutoramento, Universidade de Toledo,(2005).

CAPÍTULO II

NANOCOMPÓSITOS À BASE DE ARGILA POLIMÉRICA

II.1 Introdução

Os nanocompósitos fazem parte da família dos compósitos convencionais, nomeadamente, uma combinação de reforços com uma matriz polimérica. A diferença reside no tamanho do reforço, que está à escala nanométrica (10^{-9} m), ou seja, 100 a 100.000 vezes menor do que os enchimentos em materiais convencionais **[1]**. Numerosos estudos mostram, de facto, que a preparação de nanocompósitos de polímero/argila se baseia em interacções interfaciais entre nanopartículas de argila e cadeias de polímeros à escala nanométrica. A introdução de nanopartículas numa matriz polimérica apresenta várias vantagens directas em comparação com os enchimentos de microns clássicos. Assim, e sob condições particulares, a obtenção da estrutura esfoliada (a dispersão das nanopartículas de argila na matriz polimérica de forma individual), confere a estes materiais uma melhoria global das propriedades tais como a resistência à água de impacto, a resistência ao calor e UV, as propriedades de barreira, a estabilidade dimensional e as propriedades de superfície em termos de acabamento e colorabilidade e em algumas das propriedades mecânicas melhoradas obtidas com um baixo teor de enchimento (<5w%) **[2]**. De facto, as grandes áreas de superfície desenvolvidas pelos nanofillers dão aos nano compósitos uma melhor relação peso/desempenho do que os compósitos convencionais. Por exemplo, Fornes et al **[3]** mostram que metade da argila é necessária como reforço de fibra de vidro, para o mesmo módulo de elasticidade. Para reforços em micron, a matriz aparece como uma fase homogénea e contínua. Assim, apenas a geometria do reforço e as afinidades que terá com a matriz influenciarão as propriedades do microcomposto. Pelo contrário, será difícil ignorar os parâmetros moleculares da matriz no caso de reforços nanométricos. De facto, o comprimento das cadeias e a sua mobilidade nas proximidades do reforço nanométrico tornar-se-ão elementos importantes na compreensão das propriedades dos nanocompósitos **[4]**. Do mesmo modo, para uma dada fracção de volume de reforço, as interacções entre partículas serão mais numerosas e as partículas mais próximas quando a dimensão das partículas for menor. Os nanofillers mais utilizados são os montmorilonitos, a razão desta escolha reside no facto de este nanofiller ser barato e combinar várias vantagens em termos de estrutura cristalográfica inorgânica, um nanofiller nano Têm um elevado tamanho métrico, um grande factor de forma, uma elevada capacidade de troca catiónica, e grupos de superfície (grupos hidroxilos) que favorecem a compatibilidade com matrizes poliméricas, sendo assim adequados para dispersão através de métodos convencionais de processamento de polímeros, tais como extrusão ou injecção **[5]**.

Montmorillonite é um enchimento, utilizado como aditivo a níveis de massa de 2 a 15%, é formado por um empilhamento regular de folhas cristalinas separadas por uma galeria de alguns nanómetros e governado pelas forças de Vander Waals. Antes de desenvolver toda a informação relativa a esta montmorillonita, que é o agente de reforço utilizado no nosso trabalho, apresentaremos primeiro os filossilicatos de que fazem parte.

II.2 Classificação dos filossilicatos

Os filossilicatos, também chamados silicatos lamelares, que são construídos de acordo com um empilhamento de folhas muito flexíveis compostas de camadas tetraédricas (T) de SiO4 e octaédricas (O) de cátions (Al,Mg,Fe2+,Fe3+,Mn,...). De acordo com a disposição das camadas que constituem as folhas, os filossilicatos podem ser classificados em três grupos: tipo 1:1, tipo 2:1 e tipo 2:1:1.

O tipo 1:1 descreve um empilhamento onde uma folha tetraédrica é justaposta noutra folha octaédrica pela base, ou seja, a folha é constituída por uma camada (O) sempre ligado a uma camada (T). O caulino ou a serpentina estão, por exemplo, nesta categoria.

O tipo 2:1 descreve um empilhamento onde uma folha octaédrica (camada de iões de alumínio) é colada entre duas folhas tetraédricas, ou seja, a folha consiste numa camada (O) rodeada por duas camadas (T). Estes são os principais constituintes das argilas, nomeadamente a família das micas, talco ou smectites.

O tipo 2:1:1 Este tipo de empilhamento descreve um caso especial da estrutura 2:1, quando envolve uma camada adicional. A folha é constituída por três camadas TOT e uma camada O isolada. Esta categoria é constituída pelo grupo schlorite **[69]**.

Além disso, a taxa de ocupação dos sítios octaédricos é outro elemento de classificação:

- Se as três cavidades octaédricas estiverem todas ocupadas por cátions bivalentes do tipo Mg^{2+} , o barro é então trioctaédrico e chama-se rahectorite.
- Se dois octahedra em cada três são ocupados por um catião trivalente do tipo

Al^{3+} ou Fe^{3+} , o barro é então dioctaédrico como montmorillonite.

Estaremos particularmente interessados nesta última carga, uma das mais estudadas na literatura, por um lado, e como agente de reforço estudado neste trabalho, por outro lado, como já foi mencionado anteriormente.

II.3 Montmorillonite

Actualmente, a montmorilonite está entre as cargas lamelares mais estudadas como reforço em nanocompósitos **[10]**. É uma argila lamelar que pertence à família dos filossilicatos TOT (ou 2:1) na qual uma camada octaédrica (O) é colada entre duas camadas tetraédricas (T) **(Figura1)**. As camadas tetraédricas são geradas por dois planos sobrepostos: um plano, chamado basal, constituído apenas por iões O^{2-} onde o segundo plano, chamado compacto, é composto por iões O^{2-} e OH^{-} dispostos de forma conjunta. Os vértices dos tetraedros são formados por três iões de oxigénio pertencentes ao plano basal e um ião de oxigénio do plano compacto. O centro do tetraedro é formado por um pequeno catião, na maioria das vezes Si^{4+} de silício. As camadas octaédricas são formadas por dois planos compactos de iões de oxigénio e/ou hidroxil. Nos locais livres, situados entre seis O^{2-} e/ou OH, é colocado um catião (na maioria das vezes Al^{3+}). Estes elementos estão organizados de modo a formar uma pilha de camadas tetraédricas e octaédricas, cujo número determina a espessura da folha **(Figura 2 e 3)**. A distância entre duas camadas sucessivas é chamada a distância interfoliar. Esta distância varia de acordo com o tipo de catião interfoliar e o estado de hidratação do ambiente onde se encontra. As folhas são mantidas entre elas por forças de van Der Waals. Estas forças são geradas pelas interacções entre os catiões interfoliares e as cargas negativas transportadas pela superfície das folhas. A fórmula geral da montmorillonita é:

$(Si8)^{IV}$ $(Al4\text{-}yMgy)^{VI}$ O20(OH)4,$M\ +_y$
M: representa o catião de compensação localizado no espaço interfoliar e
y: o grau de substituição.

A estrutura cristalográfica da montmorilonite (**Figura 1)** representa uma organização à escala atómica, que é considerada como um primeiro nível da estrutura de uma organização multi-escala, nomeadamente: a telescala, a partícula primária e o agregado que estão representados em (**Figura 4), [13].**

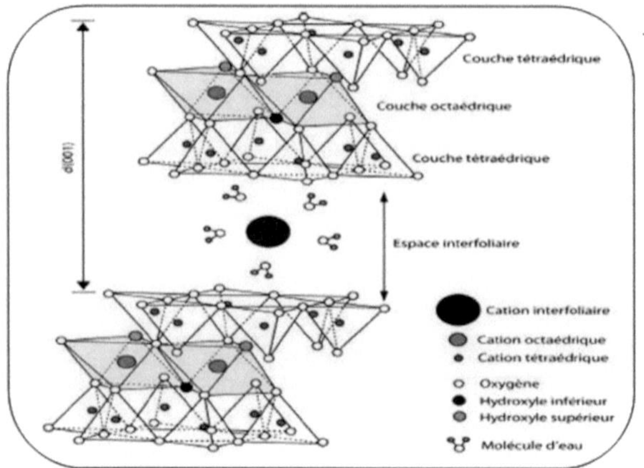

Figura.1: Representações esquemáticas da estrutura de uma montmorilonite **[11].**

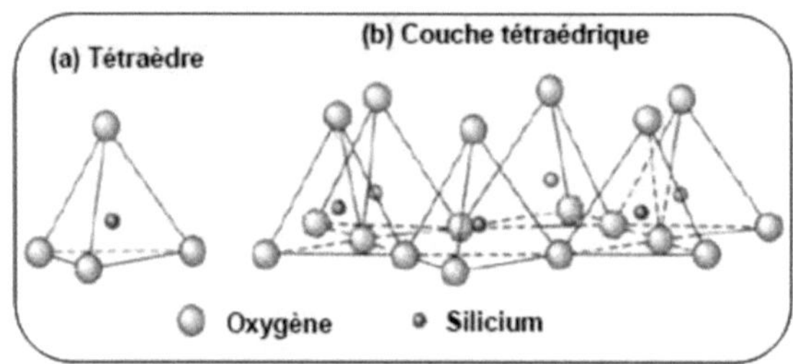

Figura.2: Representação de um tetraedro de silício (a) e (b) disposição de tetraedros numa camada tetraédrica **[12]**

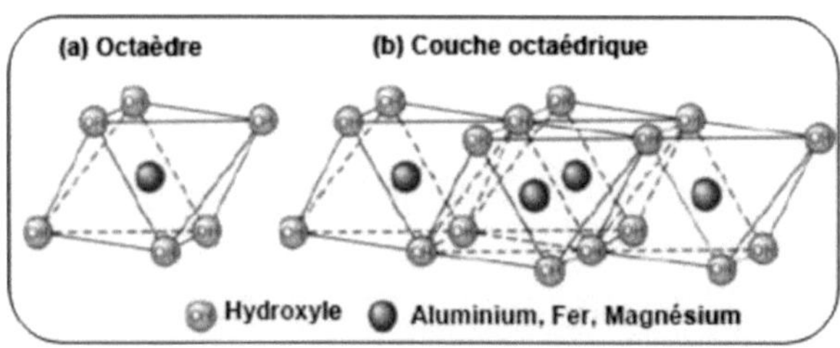

Figura.3: Representação de um octaedro de silício (a) e (b) disposição de octaedros na camada octaédrica **[12].**

O folheto é a partícula unitária do MMT, a partícula primária (tactoide) é constituída por vários folhetos empilhados (entre 5 e 10) com dimensões entre 8 e 10 nm. São mantidos por forças atractivas electrostáticas entre os iões e as folhas. Os agregados são formados pelo agrupamento de algumas partículas primárias que podem ter dimensões entre 0,1 e 10μm e as folhas são orientadas em todas as direcções.

i.) A folha elementar.

A repetição da malha nas direcções x e y forma uma folha, cuja forma é semelhante a uma plaqueta ou disco, com dimensões laterais que variam de 500 a 700 nm e uma espessura próxima do nanómetro. Estas dimensões anisotrópicas dão uma superfície específica muito elevada, da ordem de 600 a 800 m^2/grama. É a combinação destas duas propriedades, anisotropia e superfície de alta interacção, que tornam este material interessante como reforço em nanocompósitos. A densidade da montmorilonite, uma característica importante no campo do reforço de polímeros, é de 2,6 g/cm^3 . Outro valor a considerar quando se trata de reforço e compósitos são as propriedades mecânicas do módulo do material, e os valores disponíveis na literatura indicam um módulo de Young de 178 GPa **[3]**.

ii.) A partícula primária.

Na escala superior está a partícula primária **[14]** composta de cinco a dez folhas mantidas juntas por forças electrostáticas atractivas entre os iões de compensação e as folhas. O tamanho desta partícula primária é geralmente entre 8 e 10 nm e permanece constante qualquer que seja a distância interfoliar. Assim, ao inchaço da montmorilonite num meio aquoso, a distância interfoliar aumenta, mas a partícula primária tem menos folhetos. As substituições isomórficas da montmorilonite estão localizadas nos locais octaédricos. Este tipo de localização de carga evita que as cavidades hexagonais de duas folhas adjacentes se sobreponham, criando uma disposição turbo-estática ou ziguezague das folhas dentro da partícula primária: elas apresentam assim uma desordem no plano (x,y) mas são todas perpendiculares à mesma direcção z **[15]**.

iii.) O agregado

A agregação das partículas primárias forma uma entidade na escala superior: o agregado, variando em tamanho de 1 μm a 30 μm. Neste agregado, as partículas primárias não são orientadas. O agregado é o nível superior de organização, pelo que a montmorilonite aparece como um pó fino após a secagem **[16]**.

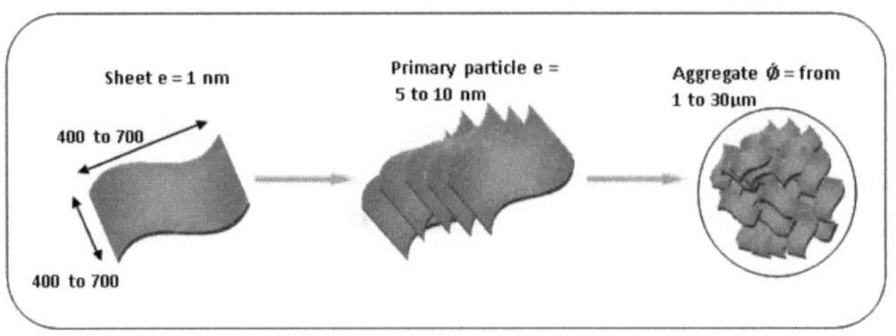

Figura.4: Estrutura multiescala de montmorilonite **[16]**.

II.4 Possíveis nanomorfologias de nanocompósitos à base de argilas lamelares

As principais questões na elaboração de nanocompósitos baseados em argila dizem respeito à esfoliação dos fillers (separação das folhas individuais), a sua dispersão na matriz, e finalmente o controlo da interacção carga-polímero. Apesar do tratamento e da modificação organofílica da superfície desta argila, a dispersão das camadas de filossilicatos na matriz polimérica não é fácil de conseguir. A natureza do catião orgânico intercalado, a natureza da matriz polimérica, bem como o método e condições de preparação, são parâmetros cruciais no estado de dispersão da montmorilonite dentro da matriz polimérica. Por conseguinte, durante a elaboração dos sistemas poliméricos/argilosos, é possível obter diferentes tipos de nanocompósitos e, consequentemente, diferentes tipos de estruturas, ilustrados na **(Figura 5)**, podem existir e eventualmente coexistir **[17].**

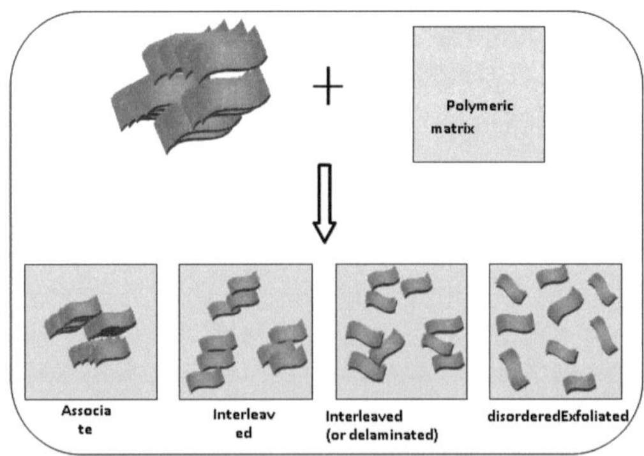

Figura.5: Diferentes morfologias de nanocompósitos à base de argila lamelar [17].

(a) O polímero não é inserido nas galerias interfoliares, que estão geralmente a cerca de dez Angstroms de distância. Portanto, as propriedades do nanocomposto permanecem na gama dos compósitos tradicionais ou convencionais, em que as folhas permanecem como agregados aglomerados da ordem de um mícron e estão dispersas no polímero (também chamados tactoides) **[18]**.

(b) Nanocomposto Intercalado, no qual uma parte do polímero é intercalada entre as folhas com um ligeiro aumento da distância entre papéis e mantendo uma regularidade no empilhamento das folhas que permanecem face a face a distâncias entre papéis de 20 a 30 Angstroms **[19]**.

(c) Alguns autores citam também a existência de uma estrutura intercalada desordenada, onde as folhas são intercaladas ao longo de grandes distâncias e perderam a sua organização. Este estado intermédio é frequentemente observado **[20]**.

(d) No caso em que as nano folhas são dispersas individualmente e a sua dispersão é homogénea, diz-se que o estado é esfoliado. Esta esfoliação tem o efeito de maximizar as interacções polímero/argila, aumentando consideravelmente a superfície de contacto (interface) e criando assim a morfologia mais desejada. Este estado de dispersão leva à melhoria das propriedades, térmicas e especialmente barreira, e em alguns casos também melhora as propriedades mecânicas dos polímeros sem afectar grandemente a sua densidade, nem a sua possível transparência **[21-23]**.

As folhas de argila são fixadas umas às outras, por interacções electrostáticas e forças de Vander Waals, para finalmente formar a estrutura cristalográfica mostrada em **(Figura 1)**.

Estas forças electrostáticas são simultaneamente repulsivas e atractivas, daí a complexidade do mundo das argilas. Duas partículas negativas (no caso de folhas de argila) repelem-se mutuamente como ímanes. Mas, na presença de iões positivos, estas partículas aglomeram-se. Além disso, os Vander Waals controlam os fenómenos de agregação e dispersão das partículas de argila na matriz polimérica. Na realidade, estas forças são forças electromagnéticas residuais fracas, de origem quântica, exercidas entre moléculas e mesmo entre átomos neutros.

Segundo **(Tabela1)**, quando a distância entre partículas é pequena, as atracções Vander Waals são predominantes e a energia de adesão é maior do que a energia covalente da ligação carbono-carbono (Ec-c). A energia de aderência entre as plaquetas é inferior ao Ec-c apenas quando a distância de separação se torna maior do que uma certa distância crítica lc = 3,4nm. Portanto, a contribuição A energia necessária para separar as lamelas de argila não modificada leva à degradação das cadeias de polímeros em que as lamelas são introduzidas (quebra das ligações covalentes C-C) em vez da separação das lamelas. A energia inter-acção necessária para a delaminação é pequena em comparação com a energia Ec-c, apenas quando a superfície argilosa actua favoravelmente com a matriz polímera, e também quando o espaço interlamelar é maior do que a distância crítica lc **[24]0**

Tabela 1: Energia de interacção entre duas lamelas de argila em função da distância interlamelar, em comparação com a energia da ligação carbono-carbono covalente (Ec-c) **[24]**.

L (nm)	Energia de aderência (Kcal)
1	416 > Ec-c≈ 84 Kcal/mol
2	372 > Ec-c
3	212 > Ec-c
4	32 > Ec-c

O aumento do espaço interlamelar, reduz as interacções sólido-sólido entre as partículas de argila e favorece a inserção e a difusão das cadeias de polímeros durante a preparação de nanocompósitos de polímero/argila. Portanto, para evitar todas as causas de degradação da matriz polimérica, um primeiro passo a ser dado é a modificação orgânica da superfície da argila ou a etapa de intercalação. Durante esta operação, os surfactantes orgânicos, reagindo favoravelmente com as matrizes poliméricas, são enxertados nas superfícies das lamelas argilosas **[24]**.
Na secção seguinte, serão discutidos os diferentes métodos de modificação da montmorilonite.

II.5 Métodos de modificação da montmorilonite

A preparação da argila tem um impacto essencial na sua intercalação com cadeias poliméricas e ainda mais na sua esfoliação. Assim, qualquer que seja a forma de elaboração utilizada, uma etapa preliminar tem frequentemente lugar, consiste numa modificação da polaridade da argila por troca de cátions no espaço entre as duas camadas: ao inserir um cátion maior, a distância entre as duas camadas de argila aumenta, assim como o carácter organofílico da argila. Este é principalmente o caso dos iões de amónio orgânicos, que infelizmente têm resistência térmica insuficiente às temperaturas por vezes elevadas do processamento. Por esta razão, outros tensioactivos mais resistentes surgiram neste campo (por exemplo, sais de fosfónio) **[25]**.

Este passo preliminar é necessário para:

- alargar as galerias e facilitar a penetração do polímero ou monómero.

- melhorar as interacções específicas entre a fase mineral e a matriz.

Entre os métodos de modificação organofílica com que vamos lidar está a troca catiónica, que é a mais utilizada. No entanto, outros métodos interessantes foram desenvolvidos, tais como o enxerto de organosilano e a utilização de ionomeros ou copolímeros de bloco.

II.5.1 Intercâmbio catiónico

Esta via de troca catiónica é um dos métodos de compatibilização da montmorilonite e da matriz **[19]**. Este método consiste em substituir os catiões de compensação por catiões portadores de cadeias alquílicas. Os catiões mais utilizados são os iões de amónio alquilo. Os sais de fosfónio são também iões modificadores interessantes pela sua alta estabilidade térmica. A substituição é feita num meio aquoso, porque o inchaço da montmorilonite facilita a inserção dos iões de amónio alquilo no espaço interfoliar. Após filtração da suspensão e secagem da montmorilonite, a presença de iões de alquil amónio na superfície das folhas, partículas primárias e agregados confere à montmorilonite um carácter organofílico. Além disso, a sua intercalação nas galerias aumenta a distância interfoliar, o que facilita a inserção das cadeias de polímeros fundidos entre as folhas **[26]**. As substituições isomórficas da montmorilonite estão localizadas nas camadas octaédricas. As interacções electrostáticas dos Vander Waals com os catiões de compensação são, portanto, atenuadas pela camada tetraédrica. Apresenta o compromisso mais interessante entre um CEC suficientemente alto para permitir uma modificação organofílica de qualidade sem entupir esterilmente as galerias interfoliares, e suficientemente baixo para permitir a separação das camadas em meio aquoso. É por esta razão que a montmorilonite é o filossilicato de escolha para a produção de nanocompósitos poliméricos/argilosos **[27]**.

II.5.1.1O catião de compensação

A modificação organofílica da montmorilonite pode ser conseguida através do catião inorgânico de compensação. Os catiões maiores e mais carregados limitam a abertura das galerias e são menos intercambiáveis, porque quanto menor for o catião compensador, mais móvel e facilmente hidrata, mais a troca é facilitada. Assim, K^+ ou $NH+$ catiões.que são grandes em tamanho e pouco hidratados, induzem uma forte atracção entre as folhas e conduzem a distâncias interfoliares da ordem de um nanómetro, enquanto que com Na^+ , Li^+ , Ca^{2+} ou Mg^{2+} , as distâncias interfoliares correspondem a uma ou mais camadas de água (12,5, 15 ou 20 Å) e por vezes até a uma dissociação completa das folhas. Para o mesmo alquilamónio, realiza-se uma troca total com uma montmorilonita de sódio, enquanto que permanece limitada a 70% ou 80% com montmorilonita contendo iões de cálcio ou magnésio. Os catiões compensadores mais frequentemente presentes nas argilas são classificados por ordem ascendente de ajuda à troca de catiões $K^+ < Fe^{2+} < Ca^{2+} < Mg^{2+} < Na^+ < Li^+$ **[28]**.

II.5.1.2Alquilamónio e iões de alquil fosfónio

A utilização de uma mistura de catiões alquilamónio para modificar organicamente uma montmorilonite promove uma modificação selectiva que depende do tamanho e forma da cabeça polar, bem como do comprimento da cadeia alquílica. Os pequenos catiões $NH4+$ e aqueles com um ou dois grupos metilo podem alojar-se nas cavidades hexagonais da argila, melhorando as suas interacções com a folha e tornando a troca menos reversível. As aminas primárias são mais difíceis de trocar com iões de sódio do que as aminas quaternárias. Com estas últimas, é possível uma substituição estequiométrica. A força das interacções entre aminas e folhas depende também do tipo de amina, estas interacções são importantes para as aminas primárias, e diminuem à medida que a taxa de substituição aumenta. No entanto, as aminas quaternárias têm um comportamento atípico, porque o seu comportamento é próximo do das aminas primárias e secundárias. Os grupos transportados pela(s) cadeia(s) alquílica(s) também têm um papel na taxa de íons trocados e no aumento da distância interfoliar **[29,30]**.

As conformações adoptadas pelas cadeias alquílicas dependem também da concentração de iões alquílicos de amónio em relação à CEC da argila **[26]**. Uma primeira camada de iões adsorve na superfície das placas por troca catiónica, depois, se a concentração de iões alquilo for suficiente, outras camadas adsorvem na primeira camada alquilada. As interacções em cadeia são então do tipo VanDer Waals. **A figura 6** resume os diferentes tipos de organização observados, ou seja, monocamadas, bilayers, pseudotrimoleculares e parafínicas **[31].**

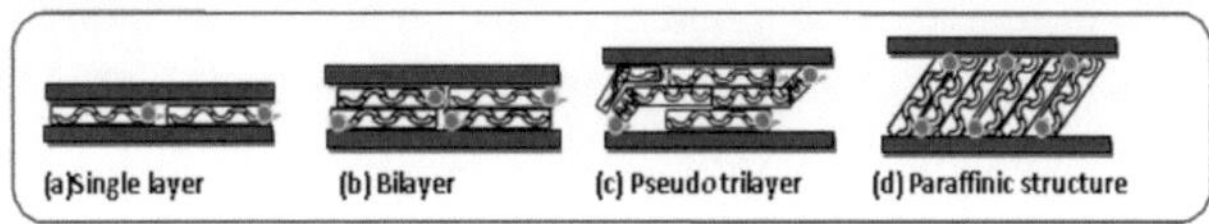

Figura.6: Orientação de iões de alquilamónio entre duas folhas **[32].**

Wilkie et al **[33]** mostram que a incorporação de sais de fosfónio traz uma grande estabilidade térmica ao nanocompósito. Existem várias empresas (tais como Souhtern Clay e Nanocor) que comercializam montmorilonite quaternária de amónio modificado. A **(Tabela2)** resume uma série de montmorilonitos de amónio quaternário organicamente modificados que são conhecidos como Cloisite.

Tabela 2: Os tensioactivos mais utilizados para a modificação da argila **[25]**.

Surfactante	Possíveis configurações	Nome
Sais quaternários de alquilamónio R1 R3-N+ - R4R2 OuRxestunechainealkylée	CH3 CH3-N+-(CH2)13,15,17- CH3CH3	Cloisite® C10A
	CH3 CH3-N+ -CH2- C6H5(CH2)13,15,17	Cloisite® C15A
	CH3 CH3-N+-(CH2)13,15,17-CH3 (CH2)13,15,17-CH3	Cloisite® C20A
	CH3CH2CH3	Cloisite
	CH3-N -+	C25A
	CH2CH2CH2CH2CH2CH3(CH2)	
	CH2CH2OH	Cloisite
	CH3-N+-(CH2)13,15,17-	C30B
	CH3CH2CH2OH	
	H	Cloisite
	CH3-N+-(CH2)13,15,17-	C93A
	CH3(CH2)13,15,17-CH3	

II.5.2 Enxertia de organosilanos

A utilização de organosilanos também tem sido discutida por diferentes autores, mas continua a ser pouco utilizada para o caso específico dos montmorilonitos. Os organosilanos hidrolisados podem reagir com grupos hidroxil e formar ligações de siloxano. O interesse deste tipo de modificação é utilizar organosilanos funcionalizados com grupos reactivos, o que criará ligações covalentes com a matriz. Quando os nanocompósitos são feitos pela via in situ, o primeiro passo é dispersar a argila no monómero.
São utilizados dois processos:

i.) ou os autores dispersam uma montmorilonite já organofílica no monómero [34].

ii.) Uma dispersão de montmorilonite hidrofílica pelo monómero ou por um precursor de polimerização **[35,36]**.
No caso da montmorillonita, os grupos hidroxil mais acessíveis existem nas bordas das folhas e resultam da hidroxilação de ligações quebradas do cristal de aluminossilicato. A enxertia é frequentemente realizada sobre uma argila modificada por troca catiónica. A determinação da eficiência do enxerto é geralmente obtida por meio de espectroscopia infravermelha, NMR de silício ou pela medição da energia superficial **[37-40]**.

II.5.3 Utilização de polímeros polares ou ionómeros polares

O princípio deste tipo de modificação consiste em utilizar interacções atractivas entre a montmorilonite e o polímero sem utilizar surfactantes. A introdução de um polímero polar dentro das galerias de montmorilonite poderia facilitar, posteriormente, a introdução de outro polímero com o qual seria miscível. Por exemplo, óxido de polietileno (PEO), pirrolidona de polivinilo (PVP), álcool polivinílico (PVA), poliacrilamida ou polilactida **[41]**. O PEO é o polímero mais utilizado porque é altamente polar, e hidrofílico, pelo que adsorve espontaneamente à superfície das folhas em solução, bem como no estado fundido **[42]**. No entanto, é difícil intercalar uma grande quantidade de montmorilonite por este método, uma vez que a presença do polímero nas galerias leva à contracção das duplas camadas eléctricas e, portanto, à floculação da montmorilonite **[43]**.

II.5.4 Utilização de copolímeros de bloco

Uma das soluções que pode ser utilizada para superar as desvantagens da incompatibilidade do enchimento lamelar com a matriz polimérica, é a utilização de copolímeros em bloco **[44]**. Isto é possível no caso em que os copolímeros têm um extremo de cadeia compatível com o enchimento utilizado, como o PEO, e outro compatível com a matriz, a dispersão das folhas de argila dentro da matriz polimérica seria ainda melhorada. De facto, de acordo com Fisher et al.

[44] uma pré-intercalação do copolímero do bloco numa montmorilonite de sódio pode ser obtida devido à existência de interacções atractivas entre o bloco polar e a montmorilonite. A obtenção de uma morfologia esfoliada depende dos pesos moleculares (Mw) de cada bloco. Estes três últimos métodos são raramente utilizados e relativamente caros em comparação com o método de modificação de troca catiónica.

II.6 Métodos de dispersão de montmorilonitos em sistemas poliméricos.

O estado de dispersão dos fillers numa matriz é o principal elemento a controlar no desenvolvimento de nanocompósitos de matriz polimérica. O desenvolvimento destes nanocompósitos tomou outra dimensão de crescimento, utilizando reforços de argila com base no facto de não ser necessário utilizar grandes quantidades de argila para obter melhorias no produto final. No entanto, para obter estes materiais, é importante escolher a técnica de processamento mais apropriada. As propriedades dos nanocompósitos dependerão então do método de processamento utilizado. Podem ser utilizadas várias estratégias de elaboração de compósitos poliméricos/argilosos, mas como o nosso trabalho se baseia num novo método que utiliza uma argila não modificada, é possível distinguir dois métodos baseados numa argila modificada e numa não modificada.

II.6.1 Métodos de dispersão de montmorilonitos modificados em sistemas poliméricos

Várias vias levam ao desenvolvimento de nanocompósitos de polímero/argila. No entanto, os modos mais discutidos na literatura são: a via in situ, a via do solvente e a via fundida, mostradas na **(Figura7).** Descreveremos cada um deles no que se segue.

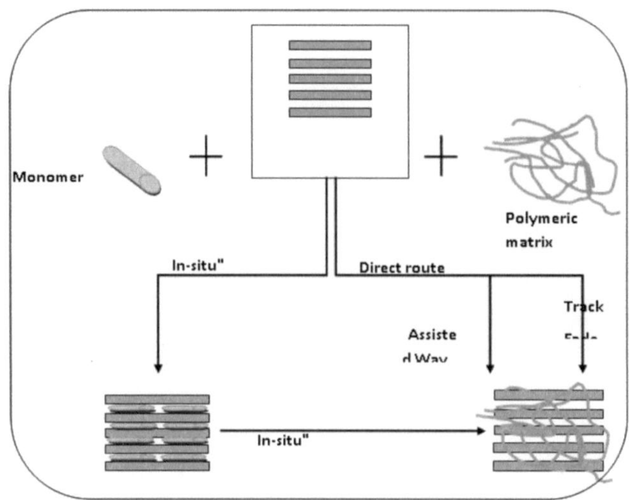

Figura .7: Diferentes vias para o desenvolvimento de nanocompósitos baseados em argilas lamelares modificadas **[17]**.

II.6.1.1 Polimerização in situ (na presença de nanohetas)

A via in situ requer a difusão do iniciador da polimerização, bem como do monómero entre as camadas de silicato, permitindo assim a sua separação.

Entre os primeiros trabalhos que avaliaram a eficácia da síntese por este método, podemos mencionar o trabalho de Okada et al **[5]**, que elaboraram um nanocomposto de poliamida-6 após dispersão de uma argila modificada por 1 2-aminoácido laurico no monómero e-caprolactam. Geralmente a via in situ apresenta bons resultados de dispersão da argila em todos no caso de polímeros cujas cadeias de carbono não apresentam qualquer agrupamento activo capaz de interagir com a superfície da argila.

Muitos parâmetros entram em jogo:De facto, o monómero tem primeiro de penetrar entre as camadas. Este passo será ainda mais eficaz se o espaçamento inicial das camadas for suficiente e se houver uma boa compatibilidade entre o enchimento e o monómero. Numa segunda etapa, a polimerização deve ter lugar entre as camadas, em geral, a dispersão obtida é mais fina e mais esfoliada se a argila for reactiva em relação a um dos monómeros **[45]**.

A reacção de polimerização pode ser desencadeada por aquecimento, radiação ou usando um iniciador, que também é inserido entre as camadas. Isto leva a uma dispersão das camadas em toda a matriz **[46]**.

II.6.1.2 Processo de solução (via directa)

Este método permite dispersar as folhas de montmorilonite num solvente com interacções específicas com os ligandos do ião modificador, permitindo não só individualizar as folhas mas também solubilizar o polímero. Este último poderá assim intercalar-se entre as lamelas de argila ou adsorventes. Contudo, este método não é amplamente utilizado porque apresenta várias desvantagens, tais como a necessidade de grandes quantidades de solventes por vezes tóxicos, para além da possibilidade de perder o estado de dispersão quando o solvente é evaporado **[41]**. As estratégias utilizadas para promover interacções argila/matriz consistem em incorporar a montmorilonite numa mistura de polímeros, um dos quais tem uma forte afinidade com a argila (é referido como um polímero portador), limitando assim a agregação de cargas, que é um dos pontos limitantes deste método **[49]**.

Assim, a via directa da solução é adequada para a síntese de revestimentos nanocompostos, que são geralmente compostos de monómeros ou polímeros em solução.

II.6.1.3 Processamento de fundição

A elaboração de nanocompósitos de polímeros/argila por processo de fusão é muito interessante do ponto de vista industrial devido à facilidade de implementação e à ausência de utilização de solventes orgânicos **[44]**.

Neste caso, a dispersão e esfoliação são obtidas por trabalho de cisalhamento mecânico: o polímero no estado fundido intercala-se entre as folhas por interdifusão nos espaços interfoliares **[48]** e depois permite a separação dos nanofiltros. Ao jogar sobre o perfil do parafuso de uma extrusora, que representa a cisalhadura aplicada ao material, as dispersões obtidas são significativamente diferentes. Os investigadores **[49]** estudaram a morfologia dos nanocompósitos à base de poliamida em função das condições de funcionamento e mostram que existe uma dispersão e esfoliação óptimas que dependem do tempo de residência e da cisalhadura numa extrusora, a cisalhadura mais elevada nem sempre conduzindo ao melhor comportamento ou morfologia. Outros investigadores **[50]** destacaram, através da análise de imagem, o papel-chave do perfil de parafuso utilizado na morfologia final do nanocomposto e mostraram a necessidade de um perfil adequado que combine a cisalhamento e a entrega do nanofiltro, permitindo alcançar a nanoescala dos objectos dispersos sem deteriorar o factor de forma das nano folhas. Outra equipa de investigação **[51]** propôs um mecanismo ilustrado em **(Figura.8)**, segundo o qual a dispersão de argilas lamelares num polímero fundido resulta de três fenómenos:Nas etapas (a) e (b), vemos um isolamento dos grupos de folhas em embalagens mais finas chamadas "pilhas ou tactoides" graças a dois parâmetros essenciais, a temperatura a que a tensão exercida pelo polímero fundido é suficiente para dividir os tactoides e o trabalho mecânico de tosquia que depende fortemente da natureza do misturador e das condições de aplicação E finalmente na etapa (c), a viscosidade local devido à viscosidade da matriz permite que as cadeias de polímeros se intercalem entre as camadas. Esta técnica de processamento de fusão é muito interessante uma vez que permite a produção industrial fácil de uma grande variedade de formulações.

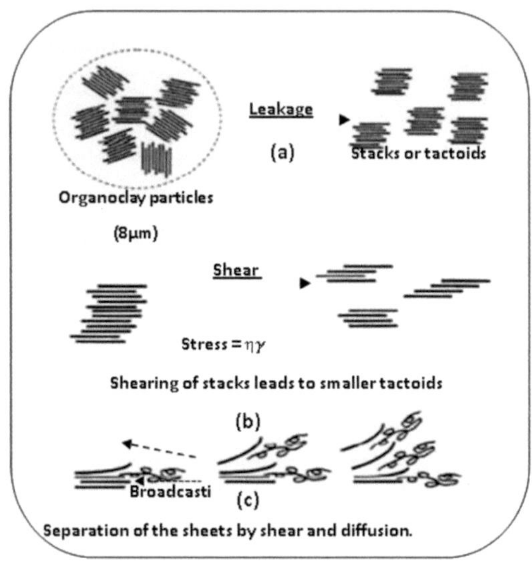

Figura .8: Etapa do mecanismo de esfoliação das folhas durante o processo de fusão **[51]**.

II.6.2 Métodos de dispersão de montmorilonite não modificada em sistemas poliméricos.

As três principais estratégias que acabam de ser mencionadas, nomeadamente a polimerização in situ (na presença de nano folhas), o processamento de fusão e o processamento directo de soluções, podem ser utilizadas para preparar nanocompósitos com base em argilas modificadas. Todos estes métodos de dispersão devem passar, inicialmente, por uma primeira fase representada pela modificação da argila. A investigação foi realizada por vários laboratórios com o objectivo de controlar e melhorar a dispersão da argila e de reduzir o custo do nanocomposto através da eliminação da etapa de modificação. Neste contexto, **N.Fedullo et al [52]** desenvolveram uma técnica de dispersão da argila não tratada em poliamida (PA6) de acordo com uma patente registada pela DSM **[53]** que descreve a injecção de líquidos (de preferência água sob pressão) durante a extrusão. Por outro lado, a nossa equipa desenvolveu uma técnica de dispersão de argila não modificada numa matriz polimérica por extrusão reactiva (RXR), de acordo com uma patente americana depositada por **S. Bouhelal [54]** e o trabalho de S. Bouhelal et al.

II.6.2.1 Métodos de dispersão para montmorilonitos não modificados (extrusão com injecção de água)

O modelo que descreve a dispersão de argila não modificada em poliamida (PA6) por extrusão com injecção de água é mostrado em **(Figura .9).**
Durante o processamento, a água é injectada no polímero no estado fundido a alta pressão e alta temperatura. Por um lado, a adição de água, que é completamente miscível com PA6, modifica a fluidez e polaridade deste último, formando um sistema monofásico de alta polaridade e baixa viscosidade. Por outro lado, a água difunde-se entre as folhas de argila e depois adsorve-se na superfície, as distâncias entre as folhas aumentam à medida que a água incha a montmorilonite (MMT). A combinação destes dois efeitos dá condições muito favoráveis para a difusão e adsorção de cadeias PA6 na superfície da argila. As cadeias PA6 podem difundir-se entre as folhas porque o espaço é aumentado pela miscibilidade da poliamida com a água injectada e, portanto, as cadeias aumentam com a capacidade de serem adsorvidas na superfície da argila **[52]**.

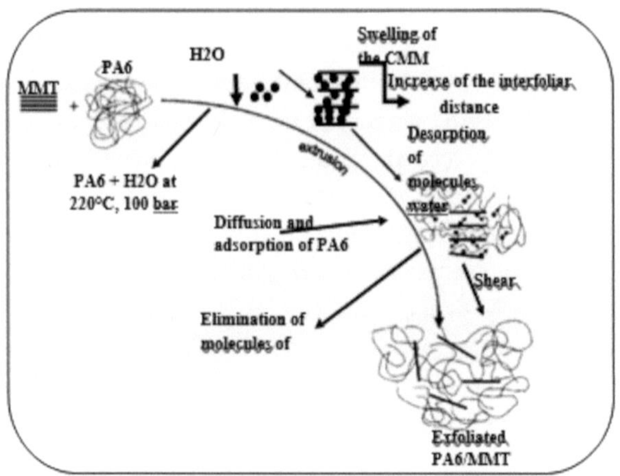

Figura .9: Esquema da dispersão de MMT não modificado em PA6 durante a extrusão com injecção de água **[52].**

II.6.2.2 Métodos de dispersão da montmorilonite não modificada por extrusão reactiva

No processo de dispersão da MMT não modificada por extrusão reactiva num passo ilustrado em **(figura.10)**, a reacção química envolvida requer a presença simultânea de todos os constituintes da mistura, nomeadamente a matriz polimérica, as partículas de argila inorgânica e os três principais agentes reactivos, tais como o peróxido orgânico, o enxofre e um activador específico (dissulfureto de tetra metil tiamida (TMTD)). O princípio deste método baseia-se na criação de macro radicais fornecidos pelo peróxido, que actuam imediatamente sobre o enxofre activo antes de ocorrerem as reacções de terminação **[56].**

Consequentemente, após a decomposição do peróxido (reacção homolítica), os macro radicais produzidos e que são muito reactivos têm uma duração de vida muito curta. O passo seguinte (principalmente em relação ao material polimérico) é uma reacção de acoplamento em que as cadeias são ligadas por átomos de enxofre através da formação de uma rede tridimensional. As pontes entre cadeias podem ser um átomo de enxofre, um polissulfido(S)x-, ou um grupo cíclico -S-composto. O activador actua como um pedal de gás de activação de enxofre. Assim, a formação dos macroradicais e a sua reacção de acoplamento com o enxofre ocorrem quase simultaneamente para alcançar uma modificação química óptima do polímero para cada formulação. Na presença da argila, devem ser consideradas reacções mais complexas. As entidades reactivas envolvidas nas etapas de reacção descritas acima também actuam sobre as camadas de silicato de nanol. De facto, o enxofre reage com o pedal do gás para criar enxofre activo, e os prótons H gerados, quer pela decomposição do peróxido, quer pela decomposição do TMTD, que são capazes de reagir de uma forma complexa com as estruturas octaédricas e tetraédricas da argila. Finalmente, esta reacção pode levar, em alguns casos, à formação de cadeias orgânicas enxertadas no composto inorgânico, o que permite a esfoliação da argila, sem passar pela etapa de intercalação **[55].**

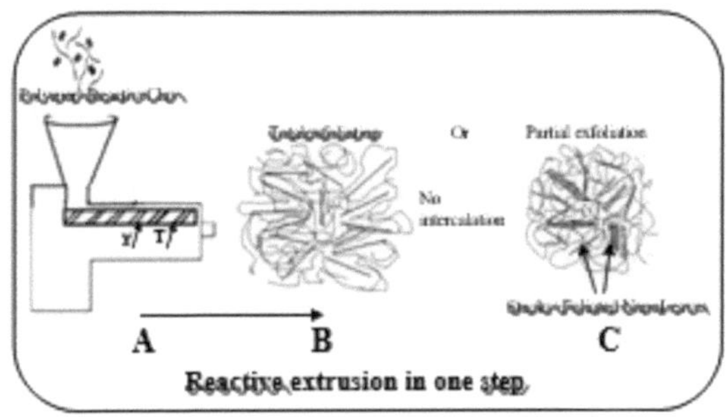

Figura .10: (A) Esquema do processo de extrusão reactiva de uma só etapa **[58]**.
(B) Nanocomposto de polímero e argila totalmente esfoliado.
(C) Esfoliação parcial do nanocomposto de polímero/argila.

O sucesso e eficiência deste complexo processo reactivo depende muito do grau de enxertia das partículas inorgânicas resultantes das condições de cisalhamento e do equilíbrio entre a formação radical tanto nas partes orgânicas como inorgânicas. Através deste processo, é possível preparar nanocompósitos de polímero/argila com argila não modificada. Só é necessária uma simples purificação **[58]**.

II.7 Propriedades desejadas dos nanocompósitos de polímero/argila

II.7.1 Propriedades mecânicas

a) Evolução da rigidez

Numerosos estudos sobre o comportamento mecânico mostraram o interesse de incorporar silicatos lamelares numa matriz polimérica para melhorar as propriedades de resistência. Nos compósitos, este ganho de rigidez é inferior ao obtido nos nanocompósitos para a mesma relação de reforço **[59]**. O aumento da rigidez do material está directamente relacionado com um aumento do módulo de Young **[60]**. Contudo, este aumento só pode ter lugar para um nanocomposto no caso de uma morfologia caracterizada por uma boa dispersão e distribuição de lamelas de argila, especialmente em matrizes com cadeias menos flexíveis e termofixas. Por outro lado, para matrizes de cadeias altamente flexíveis, foi demonstrado que a estrutura totalmente esfoliada não é necessariamente a mais adequada e que uma estrutura tactoidal compreendendo várias lamelas é mais apropriada, uma vez que as próprias lamelas de argila são flexíveis e a adição de um enchimento flexível numa matriz flexível não altera a rigidez final do nanocomposto. Contudo, uma melhoria da rigidez pode ser alcançada mesmo em matrizes flexíveis, desde que as lamelas individuais sejam colectivamente bem orientadas e, neste caso, o módulo na direcção longitudinal (direcção da orientação) seja melhorado, mas não na direcção transversal **[24].**

b) Evolução da resistência à ruptura

Semelhante à rigidez, a evolução da resistência à fractura dos nanocompósitos depende do estado de dispersão dos nanofillers, como se mostra na **(Figura.11)** **[61]**.

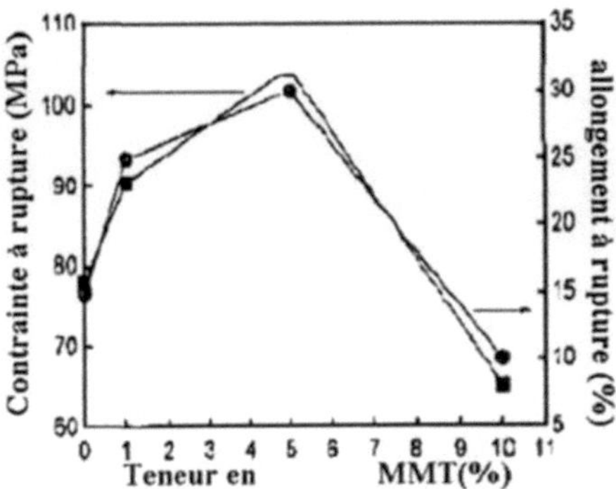

Figura.11: Evolução das propriedades finais (tensão e alongamento na ruptura) de um nanocomposto de poliamida à base de montmorilonite em função da taxa de enchimento modificado de montmorilonite **[61]**.

A evolução do stress e do alongamento de ruptura em função do conteúdo de nanofiltros para uma morfologia esfoliada mostra um aumento significativo até uma concentração de cerca de 5% em peso. Após esta concentração óptima, há uma reformulação de agregados maiores que resulta numa alteração e numa diminuição tanto do stress como do alongamento de ruptura no caso de um nanocomposto de poliamida/montmorilonite **[61]**.

c) Dureza

A dureza é normalmente medida pela indentação de Vickers. Na prática, a camada de superfície orgânica é indentada com um diamante Vickers e a profundidade de penetração é determinada com um sensor. O resultado é a dureza universal (em N/mm^2), que é uma função directa da força aplicada pelo indentro e pela superfície de indentação. Note-se que as diferenças aparecem de acordo com a forma do indentação utilizado (pirâmide, cone, esfera,...).Ranade et al. mostraram que a dureza superficial dos nanocompósitos à base de poliamida-imida aumentou acentuadamente em 32% com apenas 1% em peso de montmorilonite. O confinamento das cadeias de polímeros, assim como a presença de camadas inorgânicas perto da superfície estão certamente na origem da melhoria da dureza **[62]**.

Da mesma forma, Kim et al **[63]** adicionaram montmorillonite às emulsões de poliuretano destinadas a revestimentos, particularmente madeira. Observaram então um aumento da dureza.

d) Propriedades viscoelásticas

O estudo por análise mecânica dinâmica permite ter acesso à evolução das propriedades mecânicas em função da temperatura e também estudar as mobilidades moleculares através da evolução do Ta de relaxamento principal associado à transição vítrea (Tg) **[64].**
Um estudo dos poliestirenos nanocompostos intercalados obtidos por polimerização por emulsão mostra que o módulo de armazenamento (E) não mostra diferença em comparação com o da matriz **[65].**
No entanto, a evolução do factor de perda (tangδ) mostra uma mudança para temperaturas mais elevadas e um alargamento da temperatura de relaxamento após a adição de montmorilonite (17,2 massa%). A diminuição da mobilidade dos segmentos em cadeia, devido ao confinamento do polímero dentro das folhas de argila, pode ser a explicação **[66].**

e) Plasticidade e ruptura

Quanto às propriedades finais do estado sólido, o maior inconveniente é que estes materiais apresentam um alongamento limitado na ruptura em comparação com a matriz pura, para temperaturas inferiores ou próximas da temperatura de transição vítrea **[67, 68]**.
No caso de uma matriz de poliamida 6, pode ser observado um aumento do stress na ruptura. As fortes interacções entre o polímero e a montmorilonite (ligação iónica no caso da poliamida 6 elaborada in situ) são a origem. Por outro lado, para o polipropileno, que é apolar e por isso tem interacções desfavoráveis com a argila, o aumento é muitas vezes negligenciável. A deformação dos nanocompósitos com matrizes termoplásticas é maioritariamente cavitacional, como demonstram as medições de alteração de volume durante os testes de tracção e as observações TEM **[69].**

Esta exaltação de uma plasticidade em escala nanoscópica oferece a possibilidade de optimizar a relação entre as propriedades mecânicas e a tenacidade. No entanto, na presença de agregados, o deslizamento das folhas de argila limita as transferências de carga e favorece o aparecimento de cavidades críticas. Este último ponto sublinha uma vez mais que o controlo da elaboração e as condições de execução constituem os pontos críticos do desenvolvimento de nanocompósitos.

f) Propriedades de resistência ao impacto

A literatura apresenta poucos resultados sobre este assunto. Os trabalhos com maior sucesso dizem respeito a sistemas com uma matriz de poliamida 6 **[70]** e uma matriz de polipropileno destinada a uma aplicação automóvel.

No caso de nanocompósitos à base de poliamida 6 e até teores de argila da ordem de 5%, a resistência ao impacto permanece aproximadamente equivalente à da matriz e diminui significativamente depois disso, caindo a um nível de cerca de 20

%, para a qual a ruptura é extremamente frágil **[71]**.

g) Propriedades a longo prazo

As propriedades a longo prazo começaram recentemente a receber atenção **[72]**. A presença de argila aumenta a resistência à fadiga quando a amostra é sujeita a uma amplitude de tensão, mas diminui o tempo de vida a uma dada amplitude de tensão. Assim, parece que o efeito das nanopartículas na vida útil é semelhante ao encontrado no caso de cargas de microns. A melhoria da vida útil, a uma dada amplitude de tensão, explica-se pela melhor resistência do material à iniciação de fissuras, favorecida pelo aumento do módulo, e portanto por uma diminuição da deformação durante o ciclo **[73]**.

II.7.2 Propriedades térmicas

A estabilidade térmica é uma das propriedades mais procuradas após a dispersão da argila lamelar em polímeros. É geralmente avaliada por análise termogravimétrica sob atmosfera inerte ou oxidante. A temperatura de degradação dos polímeros é significativamente melhorada após a esfoliação de reforços de nanoescala dentro destas matrizes poliméricas. A melhoria desta propriedade, permite a utilização de polímeros a temperaturas mais elevadas **[74]**.Foram realizados vários trabalhos de investigação neste mesmo contexto, como os de Blumstein **[75]** no caso de um sistema intercalado PMMA/montmorillonite (10% por massa), que resiste à degradação térmica em condições em que só a matriz de PMMA se encontra completamente degradada. Outro exemplo é o trabalho de Wang et al **[76]** que encontraram uma melhoria de 50°C na temperatura de degradação (a 50% de perda de massa) de um polidimetilsiloxano ao incorporar 8% em volume de montmorilonite modificada. Burnside et al **[77]** observaram um comportamento semelhante no caso do polidimetilsiloxano (PDMS) reticulado, para o qual 10% em massa de montmorilonite modificada foi esfoliada.

II.7.3 Propriedades de barreira

As propriedades de barreira à migração de pequenas moléculas num polímero podem ser melhoradas através da incorporação de alguns por cento em peso de argila lamelar numa matriz polimérica. Vários estudos foram realizados neste contexto por diferentes autores, tais como o trabalho de Okada et al **[5]** que confirmaram a capacidade dos nanocompósitos para reduzir a absorção de humidade e diminuir a permeabilidade à água e aos gases, e isto com taxas de reforço de alguns por cento. Yano et al**[78]** encontraram uma clara diminuição da permeabilidade ao oxigénio, hidrogénio e vapor de água, introduzindo uma pequena quantidade de reforços lamelares. Este efeito é explicado por um alongamento do percurso de difusão de gás através do material e depende da concentração de argila e da orientação das placas. Uma orientação perpendicular à difusão das moléculas permite uma maior tortuosidade e um melhor efeito de barreira. Os reforços são então obstáculos à difusão (aumento da tortuosidade). Considerando o modelo de Nielsen **[79]** **(Figura.12)** baseado apenas na tortuosidade **η** do percurso de difusão do gás e considerando cargas perpendiculares aos fluxos de gás, é possível prever a permeabilidade do sistema.

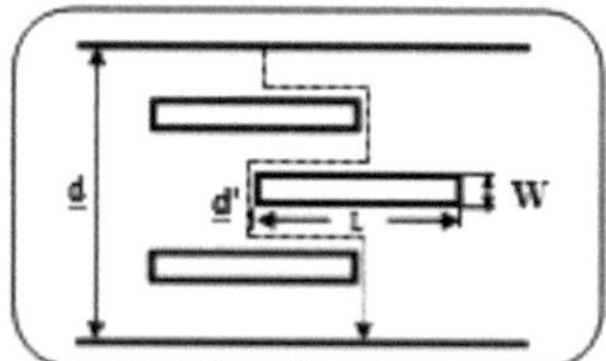

Figura.12: Tortuosidade do caminho seguido por um fluxo de gás para cargas perpendiculares **[80]**.

$$\tau = \frac{d}{d'} = 1 + \frac{L}{2W}\,\phi_s \quad \text{et} \quad \frac{Ps}{Pp} = \frac{1-\phi s}{\tau}$$

com:

d = caminho percorrido pelo gás na ausência de cargas **d** = caminho percorrido pelo gás na presença de cargas **Ps** = permeabilidade do polímero carregado
Pp = permeabilidade do polímero sem carga

τ = tortuosidade

L = comprimento da carga

W = espessura da carga

ϕs = fracção de volume da carga

II.7.4 Propriedades retardadoras de fogo

O outro interesse das nanorenforças é a melhoria da resistência ao fogo, ou seja, a redução da inflamabilidade. Esta propriedade é um parâmetro-chave na aplicação de polímeros de engenharia e de mercadorias em muitas aplicações, especialmente na indústria da construção. A resistência ao fogo é uma característica importante na escolha de isoladores eléctricos, uma vez que as instalações eléctricas estão frequentemente envolvidas em incêndios. É interessante utilizar materiais que não se degradam facilmente perante o fogo e que não promovem a sua propagação **[81, 82]**.

Por esta razão, desde que ficou provado que as matrizes poliméricas reforçadas com folhas de silicato mostram uma melhoria significativa na resistência ao fogo, muitos programas de investigação foram iniciados **[83-85]**.

A estabilidade química pode ser estimada através de medições termogravimétricas que dão acesso à perda de massa em função da temperatura. Foi demonstrado que os nanocompósitos têm uma melhor estabilidade de temperatura do que as matrizes poliméricas virgens **[86]**. Isto é explicado pelo efeito de barreira induzido pelas camadas, que retarda tanto a incorporação de oxigénio do ar no material como a difusão dos gases de decomposição para o exterior. Isto torna a combustão mais difícil **[87]**.

Além disso, os nanocompósitos são menos líquidos quando queimados, em comparação com os polímeros puros. Foi discutida uma reacção de ligação cruzada que resulta na criação de uma rede entre cadeias de polímeros e folhas de argila. Isto resulta num aumento da viscosidade e num atraso na decomposição térmica da matriz **[88,89]**.

II.8 Trabalho de investigação sobre nanocompósitos: PET/argila, PEN/argila e (PET/PEN)/argila

Foram realizados vários trabalhos de investigação sobre nanocompósitos baseados em argila e polímeros utilizados no nosso trabalho, nomeadamente PET, PEN e a sua mistura, a fim de melhorar as suas propriedades e de alargar os seus campos de aplicação. Abaixo, citamos alguns destes trabalhos de investigação:

- **Marius C. Costache et al[90]** estudaram nanocompósitos PET/Clay que foram preparados por processo de fusão, as suas morfologias e propriedades foram estudadas por difracção de raios X, microscopia electrónica de transmissão, análise termogravimétrica e cone calorimétrico. Foram relativamente estudadas três argilas, organicamente modificadas com surfactantes desenvolvidos termicamente estáveis, nomeadamente montmorilonite, hectorite e magadiite. Dois destes tensioactivos foram estudados, o alquil quinolínio e o vinil benzil amónio. Todos os nanocompósitos mostraram muito boas dispersões de nanoescala e o mesmo valor de taxa de libertação de calor (PHRR).

- **M.D.Sanchez-Garciaetal[91]** demonstrou que as propriedades da barreira da água e do oxigénio podem ser melhoradas através da adição de 5% por peso ou menos do sistema MMT. A permeabilidade diminui com o aumento do conteúdo de MMT. Este efeito é principalmente atribuído às plaquetas de argila, que se acredita promoverem o aumento da tortuosidade ou factores de desvio na difusão dos materiais e, portanto, levarem a uma baixa permeabilidade. A permeabilidade ao oxigénio dos nanocompósitos PET é o mais baixo de todos os materiais considerados. A cristalinidade também desempenha um papel importante na promoção das propriedades de barreira; contudo, uma vez que não se viu um aumento significativo da cristalinidade no sistema PET aqui estudado por M.D. Sanchez- Garcia et al.A redução observada na permeabilidade é, portanto, directamente atribuída à morfologia da argila altamente dispersa no polímero.

- **Laxmi Kumari Sahu et al[92]** utilizaram nylon, PET e PEN com conteúdos de montmorilonite variando entre 1 a 5% no seu estudo. A dispersão dos nanofilões de montmorilonite na matriz foi estudada por difracção de raios X (XRD), microscopia electrónica de varrimento (SEM) e microscopia electrónica de transmissão (TEM). A variação da densidade de massa por cristalização foi analisada por calorimetria diferencial de varrimento (DSC) e microscopia óptica polarizada. A densificação interfacial foi estudada utilizando a microscopia de força atómica (AFM) e a elipsometria. As diferentes propriedades como a cristalização e transições térmicas, barreira, e propriedades mecânicas dos polímeros foram estudadas e comparadas com as dos nanocompósitos. A estrutura esfoliada pode ser deduzida nos nanocompósitos de nylon, uma combinação de intercalação e esfoliação pode ser deduzida nos nanocompósitos de PET, por outro lado, os nanocompósitos de PEN indicavam uma dispersão intercalada mas bem distribuída no polímero. As propriedades mecânicas mostraram uma melhoria no nylon e no PEN, mas uma diminuição do desempenho nos nanocompósitos de PET. A resistência ao escoamento e o módulo de nylon puro foram de 23 MPa e 1,2 GPa, respectivamente. A resistência ao rendimento aumentou de 23 para 28 MPa com a adição de 5% MMT. O UTS também aumentou de 28 para 36 MPa. A adição de montmorillonita melhorou as propriedades de tracção do nylon. A tensão de cedência e o módulo de PET são de 44MPa e t2GPa, respectivamente. A tensão de cedência do PET diminuiu de 44 para 35 MPa com a adição de 3% de MLS. Os nanocompósitos de PET mostraram um aumento do módulo em comparação com o PET puro. Ao mesmo tempo, observou-se uma diminuição da yield strength e UTS (resistência máxima à tracção). Por outro lado, foram observados melhores resultados de tensão de ruptura para PEN nanocomposto em comparação com PEN puro. A tensão de cedência, UTS e módulo de PEN pura foi de 50 MPa, 68,6 MPa e 1,98 GPa respectivamente e a da PEN nanocomposto (2%MMT) foi de 62,3MPa, 84,9MPa e 2,27GPa, respectivamente. Foi observada uma melhoria de 24% na resistência ao rendimento do nanocomposto em comparação com a PEN pura.

- **Xuepei Yuan et al[93]** desenvolveram um nanocomposto de PET e silicato fibroso organicamente modificado por polimerização in situ com boa dispersão de nanopartículas. Um polímero solúvel em água, PVP, foi utilizado como modificador de surfactante orgânico devido à sua alta estabilidade térmica. O comportamento de degradação térmica do PET e do nanocomposto PET/argila foi estudado pela TGA com diferentes taxas de aquecimento no ar e nitrogénio. A taxas de aquecimento lentas (5 e 10°C/min), a estabilidade térmica do nanocomposto diminuiu em comparação com a do PET puro, enquanto que aumentou a taxas de aquecimento elevadas (20 e 40°C/min). As energias de degradação térmica aparentes dos dois exemplos acima foram avaliadas utilizando o método de Kissinger e Flynne Walle Ozawa, os dados de energia de activação (Ea) do nanocompósito PET/PT eram inferiores aos do PET puro. A argila actua como massa protectora e barreira de transporte térmico na matriz PET, abranda a taxa de decomposição da cadeia de poliéster, e ajuda a aumentar a estabilidade térmica do nanocompósito PET/PT. Muitos derivados metálicos libertados dos interespaços da argila têm uma actividade catalítica significativa na degradação térmica e reduzem a estabilidade térmica do nanocompósito PET/PT. Para taxas de aquecimento elevadas, o efeito de barreira é dominante, enquanto que para taxas de aquecimento lentas, o factor catalítico é dominante. A combinação destes dois efeitos determina a estabilidade térmica final do nanocompósito em azoto. No entanto, o comportamento da estabilidade térmica no ar é diferente dos do nitrogénio. Existem duas fases distintas durante os processos de degradação termo-oxidativa do nanocomposto PET e PET/PT puro. Na primeira fase notável (a perda de peso da amostra de mais de 80%), a oxidação térmica do nanocomposto foi melhorada a várias taxas de aquecimento em comparação com as do PET puro. Sugere-se que o efeito de barreira ainda é dominante numa atmosfera de ar com diferentes taxas de aquecimento.

- **Mohammad Tarameshlou et al[94]** utilizaram um processo de modificação para a síntese de organoclays reactivos. Um organoclay comercial (CloisiteX30B) foi assim remodelado com dois tipos de monómeros à base de cloreto ácido. Os monómeros foram seleccionados de modo a poderem fazer uma ligação éster de um lado com os grupos hidroxil do modificador de argila, e interagir do outro lado com os grupos hidroxil finais do PET. Com a utilização destes dois conjuntos de argilas reactivas remodificadas. Os nanocompósitos PET/ argila foram desenvolvidos por um processo simples de mistura de fusão e o seu comportamento foi comparado com um nanocompósito PET/ argila convencional preparado em condições de processamento semelhantes. Os resultados DRX e TEM confirmaram que as argilas reactivas remodeladas estão muito mais dispersas na matriz PET do que a argila comercial convencional. Os nanocompósitos PET de argila virgem mostraram uma estrutura parcialmente intercalada, enquanto que as argilas PET/ argilas remodificadas mostraram uma estrutura esfoliada. Em ambos os casos, os grupos aromáticos e alifáticos revelaram-se úteis no processo de esfoliação. Os nanocompósitos à base de argila remodificados com monómeros de cloreto de adipoyl (APC) mostraram uma melhor estabilidade térmica em comparação com os nanocompósitos à base de cloreto de tereftaloyl (PTC). Isto foi atribuído a uma melhor dispersão das argilas à base de APC na matriz PET. Este estudo mostrou o sucesso do processo de remodelação reactiva numa melhor dispersão das argilas, levando a uma melhor estabilidade térmica.

- **Evangelos Manias et al[95]** exploraram nanoclays modificados por surfactantes termicamente estáveis para utilização no tratamento térmico de nanocompósitos de matriz PET. Tanto o alquil imidazolium como os tensioactivos de alquil quinolínio oferecem alternativas comuns viáveis aos alquil amónios, e deram bom desempenho aos nanocompósitos PET. A morfologia dos nanocompósitos de PET processados por fusão mostrou boa dispersão do enchimento em nanoescala, o que por sua vez resultou em boas propriedades mecânicas e térmicas.

- **Maryam Dini et al[96]** mostraram que o processamento de nanocompósitos por injecção de água melhora a microestrutura dos nanocompósitos PET ao aumentar o número de camadas simples e duplas de cloisite C30B, e ao aumentar a relação de aspecto do C30B na matriz PET. Os resultados da reologia, amplitude de oscilação, e viscosidade intrínseca mostraram que o peso molecular médio do PET aumentou significativamente após a SSP, sem alterações significativas na estrutura da cadeia molecular do PET (confirmada pelo próton e carbono NMR). Os nanocompósitos de PET preparados por extrusão assistida por água seguida de SSP mostraram propriedades mecânicas melhoradas em comparação com os preparados por mistura convencional de enfusão.

- **Khalil Shahverdi-Shahraki et al[97]** conduziram um estudo sobre a influência da adição de caulino no desempenho do PET. Os resultados da difracção por raios X mostraram que a estrutura em camadas do caulino foi significativamente alterada devido ao tratamento químico. As imagens SEM (microscopia electrónica de varrimento) confirmaram que o tratamento KAc e a adição de PEO têm um efeito significativo na dispersão das partículas.
A partir de imagens TEM (microscopia electrónica de transmissão), a dimensão das partículas no nanocomposto foi estimada em 100 a 200 nm de comprimento, enquanto a espessura se situava entre 10 e 50 nm. No entanto, estudos reológicos mostraram que a degradação do PET durante a etapa de mistura de fusão resultou numa diminuição da viscosidade da fusão e numa redução considerável do peso molecular.

- **Fausto Calderas et al [98]** apresentaram uma revisão abrangente da preparação por extrusão de fusão e caracterização de nanocompósitos PET/MMT e (PET/PEN)/MMT. Foi dada ênfase à apresentação de resultados relacionados com as propriedades mecânicas, morfologia e características dos nanocompósitos, utilizando diferentes técnicas experimentais. A influência de vários factores como as condições de processamento, modificação da argila, teor de argila, taxa de transesterificação e aditivos compatibilizantes foram discutidos e analisados. Há uma diminuição na viscosidade de cisalhamento com a adição de argila que pode ser benéfica para o processamento, reduzindo a energia necessária para a fusão e injecção e preenchimento das cavidades do molde. No entanto, deve ser dada especial atenção à redução da flacidez da amostra durante o processamento, devido à baixa viscosidade, pelo que os perfis de temperatura terão de ser ajustados em conformidade.

II.9 Conclusões

Estes modos de modificação e as configurações adoptadas são específicos a cada sistema, e por isso requerem descrições específicas. Além disso, não utilizámos este tipo de caminho durante o nosso trabalho, e é por isso que escolhemos citar estes caminhos como exemplos, sem mais elaboração. Estas modificações são citadas para mostrar que o nosso método (utilizando montmorillonite não modificada) é um método muito económico do ponto de vista de custo e tempo. Na sequência da pesquisa bibliográfica que nos permitiu reunir os trabalhos de Investigação sobre nanocompósitos em geral e nanocompósitos baseados em montmorilonite com matriz polimérica (PET e PEN) em particular, para notar que os métodos de elaboração de nanocompósitos baseados em PET e PEN utilizando montmorilonite não modificada e por extrusão reactiva quase não são citados.

REFERÊNCIAS BIBLIOGRÁFICAS

[1] : S.Sinha Ray, Reologia dos nanocompósitos de polímero/silicato de camadas,
Ind. Eng. Chem, **34**, 811-842, (2006).

[2] : S.Sinha Rayand M.Bousmina, Biodegradable polymers and their layered silicate nanocomposites, Progress in Materials Science,**50**, 962-1079,(2005).

[3] : T.D. FornesandD.R. Paul,Propriedades de modelagem de nanocompósitos de nylon6/argila utilizando teorias compostas, Polymer,**44**, 4993-5013, (2003).

[4] V.Marcadon, Size and interphase effects on the mechanical behavior of particulate Nanocomposites, PhD thesis, Palaiseau : École polytechnique, p 156, 2005.

[5] : A.Okada, M. Kawasuni, K. Toshioand K. Osami, Synthesis and characterization of a nylon 6-clayhybrid, Polymer Preprints, **28**, 447-448, (1987).

[6] : K.Yano, A. Usukiand A. Okada, Synthesis and properties of polyimide-clay hybrid films, Journal of Polymer Science: Parte A:Polymer Chemistry, **35,** 2289-2294, (1997).

[7] : S.R. Lee, Microstructure, tensile properties and biodegradability of aliphatic polyester/clay nanocomposites, Polymer, **43,** 2495-2500, (2002).

[8] : A.Dortmans, materiais nanocompostos: desde experiências à escala de laboratório até protótipos. 2002. Disponível em <http://www.e-polymers.org > (20 de Dezembro de 2013).

[9] : C.K.Lam, Effect of ultra sound soni cation in nanoclay clusters of nanoclay/epoxy composites, Materials Letters,**59**, 1369-1372, (2005).

[10] : M.Alexandre e P. Dubois, nanocompósitos de silicato de polímero: preparação, propriedades e utilizações de uma nova classe de materiais, Ciência e Engenharia de Materiais, **28**, 1-63, (2000).

[11] M. Gautier,Interacção entre argila amoníaca e moléculas orgânicas no contexto do armazenamento de resíduos: Caso das moléculas de cadeia curta, Thesis Sci et Tech:Université d'Orléans, (1998).

[12] A.Rachini, Synthèse par extrusion réactive des matériaux composites polymères et fibres naturelles : chimie douce pour des nouvelles méthodes de couplage fibres/matrice**,** Thèse de doctorat en Chimie des Matériaux, Université de Haute Alsace, Mulhouse, França, p9, (2008)

[13] : J.Mering e J.Pedro, Discussion about the criteria of classification of phyllosilicates 2/1, Bulletin du groupe français des argiles, **21**, 1-3(1969).

[14] : A.Mathieu Sicaud,J. Mering e I.Perrin Bonnet, Etude au microscope électronique d'ela montmorillonite et de l'hectorite saturées par différents cations, Bulletin de la Société Française de Minéralogie et de Cristallographie, 74,439-455, (1951).

[15] G.Didier, Gonflement cristallin des montmorillonites et sa prévision. Tese de Doutoramento em Química de Materiais, Lyon: Claude Bernard-Lyon1, p 109, (1972).

[16] L.Le Pluart, Nanocompósitos epoxídicos/amina/montmorilonite: Papel das interacções na formação, a morfologia a diferentes níveis de escala e as propriedades mecânicas das redes. Tese de doutoramento, Lyon :INSA d eLyon, p 252, (2002).

[17] D. Burgentzle, Nouvelles formulações thermoplastiques ou réactives de revêtements nanocomposite à base de silicatos lamelares, em Matériaux Polymères et Composites, Thèse de doctorat, Institut National des Sciences Appliquées: Lyon, p310, (2003).

[18] : A.Samakande, Utilização da técnica RAFT como método eficiente para sintetizar nanocompósitos polimero-argilosos bem definidos, tese de doutoramento, Universidade Stellen bosch, P 16, (2008).

[19] L.Le Pluart, Nanocompósitos Epoxy/amina/montmorillonite : Role of the interactions on the formation, the morphology at the various levels of scales and the mechanical properties of the networks, tese de doutoramento, INSA de Lyon, p45, (2002).

[20] : B.K.Kim, J.W. Seo e H.M. Jeong, Morphology and properties of water borne polyurethane/clay nanocomposites, European Polymer Journal, **39,** 85-91, (2003).

[21] : M. Bashir,Effect of nanoclay dispersion on the processing of polyester nanocomposites, tese de doutoramento, Universidade de MC GILL Canadá, P 8, (2008).

[22] L. Xu, Análise integrada de processos de moldagem de compósitos líquidos (LCM), tese de doutoramento, Universidade Estatal de Ohio, Canadá, P60, (2004).

[23] : L.Priya, Polifluoreto de vinilideno/ nanocompósitos de argila: preparação e caracterização, tese de doutoramento, Universidade de Pune, Índia, p 11, (2005).

[24] : M.Bousmina, Study of intercalation and exfoliation processes in polymer nanocomposites, Macromolecules, **39**, 4259-4269, (2006).

[25] T.G.Gopakumar, Influência da esfoliação da argila nas propriedades físicas dos compostos de montmorilonite/polietileno. Polímero, **43,** 5483-5491, (2002).

[26] : G.Lagaly, Interaction of alkylamines with different types of layersered compounds, Solid State Ionics, **22**, 43-51 (1986).
[27] H. Attayebi, Suivi de l'état de dispersion des nanoparticules d'argile dans un polymère par rhéo spectroscopie, Tese apresentada à Faculdade de Pós-Graduação da Universidade Laval, QUEBEC, (2011).
[28] J.L.Mac Atee,intercâmbio catiónico inorgânico-orgânico em montmorilonite, Am. Mineral, **44**, 1230-1236, (1959).
[29] : J.L.Macatee,Inorganic-organi ccation exchange on montmorillonite, mineralogista americano, **44**,1230-1236,(1959).
[30]: R.A. Rowland E.J. Weiss, Bentonite-methylamine complexes, Clays and Clay minerals,**75**, 113-165, (1963).
[31] : S.S.Rayand M.Okamoto, Polymer/layered silicate nanocomposites, Progress in Polymer Science, **28**,1539-1641, (2003).
[32] : P. Lebaron, Z. Wang e T. Pinnavaia, Polymer-layered silicate nanocomposites, Applied Clay Science,**15,** 11-29,(1999).
[33] C.A.Wilkie, J.Zhu e F.Uhl, How do nanocomposites enhance the thermal stability of polymers, Polymer Preprints, **42**, 392, (2001).
[34] : J.H.Park and S.C.Jana, Mechanism of Exfoliation of Nanoclay Particles in Epoxy-Clay Nanocomposites, Macromolecules, **36**, 2758-2768, (2003).
[35] : Y.Kojima, A.Usuki, M.Kawasumi, A.Okada, T.Kurauchiand O. Kamigaito, One-Pot Synthesis of Nylon 6-Clay Hybrid,Journal of Polymer Science, Part A: Polymer Chemistry,**31**,1755-1758, (1993).
[36] : D.C.Lee e L.W.Jang, Preparation and characterization of pmma-clay hybrid composite by emulsion polimerization, Journal of Applied Polymer Science, **61**,1117- 1122, (1996).
[37] : X.Kornmann,L.A. Berglund, J. Sterte e E.P.Giannelis, Nanocompósitos baseados em montmorilonite e poliéster insaturado, Polym.Eng.Sci,**38,**1351-1358, (1998).
[38] : J. C. Dai,J. T. Huang, Surface modification of clay and clay rubber composite,Appl. Clay Sci.,**15**, 51-65, (1999).
[39] :M. Ogawa, S. O kutomo e K. Kuroda, Control of interlayer microstructures of a interlayer silicate by surface modification with organo chloro silanes, J.Am. Chem.Soc, **120**, 7361-7362, (1998).
[40] : Y. Ke,J.Lu,X.Yi,J.Zhao,Z. Qi, The effects of promoter and curing process on exfoliation behavior of epoxy/clay nanocomposites, J. Appl. Polym. Sci. **78**, 808- 815, (2000).
[41] : N.S. Ogata e T.Kawakage, misturas de Poli(álcool vinílico)-argila e poli-(etilenoxido)-argila preparadas utilizando água como solvente, J. Appl. Polym.

Sci. **66**,573-581, (1997).
[42] : S.ZhiqiShen, G.P.Simon e Y.B. Cheng, The effect of processing parameters on melt intercalation of polymer-silicate nanocomposites, Journal of Australian Ceramic Society, **34**, 1-6, (1998).
[43] : G.Lagaly, Introduction: from clay mineral-polymer inter actions to clay mineral- polymer nanocomposites, Appl. Clay Sci,**15**, 1-9,(1999).
[44] : H.R.Fischer,L.H.Gielgens, e T.P. M.Koster, Nanocompósitos de polímeros e minerais em camadas, Acta Polym, **50**, 122-126, (1999).
[45] : B.Lepoittevin, Poli (E-caprolactona)/ nanocompósitos de argila preparados por intercalação de fusão: propriedades mecânicas, térmicas e reológicas, Polímero,
43, 4017-4023, (2002).
[46] M.Katoand A.Usuki, Polymer-clay Nanocomposites, em Polymer-clay Nanocomposites, J.W. Sons,Editor.:Chichester,97-109, (2000).
[47] : D.J.Suh, Y.T. Limand O.O.Park, The property and formation mechanism of unsaturated polyester-layered silicate nanocomposites depending on the fabrication Methods, Polymer, **41**, 8557-8563, (2000).
[48] : N.Hasegawa, Preparation and Mechanical Properties of Polypropylene clay Hybrids Using a Maleic Anhydride-Modified Polypropylene Oligomer, Journal of Applied Polymer Science, **67**, 87-92, (1998).
[49] : H.R.Dennis, Effect of melt processing conditions on the extent of exfoliation inorganoclay-based nanocomposites, Polymer,**42**,9513-9522,(2001).
[50] A.Vermogen,Avaliação da Estrutura e Dispersão em Nanocompósitos de Silicato Polimérico,Macromoléculas,**38**, 9661-9669,(2005).
[51] T.D.Fornes,Nylon6 nanocompósitos: o efeito do peso molecular da matriz,Polímero,**42**, 9929-9940,(2001).
[52] N.Fedullo,M.Sclavon,C.Bailly,JM.Lefebreand J.Devaux, MacromolSymp,**233**, 235, (2006).
[53] R.A.Korbee,A.A.Vangeener,InternationalPatent, No 99/29767, (1999).
[54] S.Bouhelal,Mistura de polímero de argila de alto impacto formada pela presença de peróxido de reticulação reversível, Us patentN°.7,550,526, (2009).
[55] S.Bouhelal,M.E.Cagiao,D.Benachour,B.Djellouli,L.Rong,B.S.Hsiao eFJ.B alta-Calleja,J. Appl. Polym.Sci, , **117** , 3262-3270, (2010).
[56] S.Bouhelal, Crosslinkingof isotactic polipropylene presence of peroxidesulphur couple,U.S. PatentN°.6,987,149,(2006).
[57] S.Bouhelal,M.E.Cagiao, S.Khellaf, H.Tabet,B.Djellouli, D.Benachour e F.J. Balta Calleja,J. Appl. Polym.Sci,**115**, 2654-2662, (2010).
[58] :

F.Z.Benabid,L.Rong,D.Benachour,M.E.Cagiao,M.Poncot,F.Zouai,S.Bouhelaland F. J.Balta Calleja,Nanostructuralcharacterization of poly(vinylidene fluoride)-claynanocompositesprepared byone-step reactiveextrusion process,J. Aplic. Polímero. Sci, **??**,??-???,(2015).

[59] P.H.Nam, P. Maiti, M. Okamaoto, T. Kotako, T. Nakayama, M. Takada, M.Ohshima, A. Usuki, N. Hasegawa e H. Okamoto, Processamento de espuma e estrutura celular de polipropileno argiloso/nanocomposto,Polym.Engg.Sci,**42**,1907- 1918,(2002).

[60] Y.Kojima, A. Usuki, M. Kawasumi, A. OkadA, Y.Fukushima,T.Kurauchi e O. Kamigaito, Propriedades mecânicas do Nylon6-clayhybrid,J. Mat. Res, **8**, 1185- 1189, (1993).

[61] Y.Yang,Z.K.Zhu,J.Yin., X.Y. Wang e Z.E.Qi, Preparação e propriedades de organosolubilonite/morilonite/poliamida e monoamorilonite com métodos de surfacemodificação variadíssimos, Polymer,**40**, 4407-4414,(1999).

[62] :A.Ranade,N.A. D'souza,andB.Gnade, Exfoliated andintercalatedpolyamide-imide nanocompostoites com montmorillonite,Polymer, 43, 3759-3766, (2002).

[63] B.K.Kim, J.W. Seo,H.M. Jeong, Morfologia e propriedades dos compostos hidrossolúveis/claynanocompostos. EuropeanPolymer Journal, 39, 85-91,(2003).

[64] G.Teyssèdre, C.Lacabanne,Caractérisationdespolymères par analysethermique,Techniques de l'Ingénieur,**7**, 1295,(1992).

[65] : M. Alexandre, P. Dubois, R. Jerome, M. Garcia-Marti, T. Sun, J. M.Garces,D. M. MillaretA.Kuperman,Método para a formação de compósitos poliolefínicos retardadores de chamas,Poliolefínico-canocompósitos,U.S.Patente, 9947598A1,(1999).

[66] M.Chatain, Contribution à l'étude delacontrainte auseuil d'écoulement de hautespolymères, Thèse de Doctorat, UniversitéParis VI,(1962).

[67] N. Hasegawa, M. Kawasumi, M. Kato, A. Usukiand A. Okada,Preparationandmechanicalpropertiesofpolypropylene-claybridsusingamaleicanhydride-modifiedpolypropyleneoligomer,J.Appl. Polym. Sci, **67**, 87-92,(1998).

[68] P.B. Messersmith e E. P. Giannelis,síntese e caracterização dos silicatos-epoxinanocompósitos,Chem.Matter,**6**, 1719-1725,(1994).

[69] : P. B. Messersmith e E. P. Giannelis,J.Polym.Sci: Parte A Polym. Chem,**33**,1047-1057,(1995).

[70] :J. W.Cho, D. R. Paul,Nylon6nanocompósitos por compósito,Polímero,**42**,1083-1094,(2004).

[71] :C. H. Hong, Y.B.Lee,J. W. Bae,J. Y. Jho,B. Uk Namand T. W.

Hwang,Preparationandmechanical properties ofpolypropylene/claynanocomposites forumsutomotive parts,J.application.Appl.Polym.Sci.,**98**, 427-433,(2005).

[72] S.C.Bellemare,M.N.Bureau,J.DenaultandJ.I.Dickon,Fatigue crack initiation and propagation in polyamide-6 and in polyamide-6 nanocomposites, Polymer Composites,**25**,433-441,(2004).

[73] P.Krawczak,testes mecânicos de plásticos. Techniques de l'ingénieur, Traité plastiques et composites, (1999).

[74] Z.K.Zhu, Y. Yang,J. Yin, X.Y.Wang, Y.C. KeandZ. Qi, Preparationandproperties oforganosoluble montmorillonite/polyamide hybridmaterials,J. Appl.Polym.Sci,**73**, 2063-2068, (1999).

[75] : A. Blumstein,Polimerização das camadas,J. Polímero. Sci,**3**, 2665-2673, (1965).

[76] :S.Wang, , Q.Li e Z. Qi, Studies on Silicone Rubber / Montmorillonite Hybrid Composites, Key Eng. Mater.**137**, 87-93,(1998).

[77] :S. D. BurnsideandE. P. Giannelis,síntese e propriedades de newpoly(dimetilsiloxano)nanocompósitos,Chem. Mater, **7**, 1597-1600, (1995).

[78] K.Yano, A. Usuki, A. Okada, T.Kurauchi e O. Kamigaito,Síntese e propriedades de poliamida-climida-híbrido,J. Polimida. Sci. Parte A:Pol. Chem, **31**, 2493-2498(1993).

[79] L.E.Nielsen, Modelos para os sistemas de polímeros permeabilizados,Journal ofMacromol. Sci. Chem,**A1,** 1929, (1967).

[80] R.K.Bharadwaj,Modelando as propriedades de barreira de polímero-silicatenanocompósitos,Macromolecules,**34**, 9189-9192, (2001).

[81] C.Vovelle,J.L.Delfau,Estudo experimental e numérico da degradação térmica dePMMA.Combustão Ciência e Tecnologia,**53**,187-201,(1987).

[82] S.Bourbigot,R.Delobel,S.Duquesne,Comportementau feu descompósitos,Technique de l.ingénieur, **AM5 330**,10,(2006).

[83] :J. W. Gilman, Flammabilityproperties de nanocompósitos poliméricos,nanocompósitos de polipropileno e de poliestireno,Chem. Mater, **12**,1866, (2000).

[84] :J. W. Gilman, Flamabilidade e estabilidade térmica de nanocompósitos de silicato(argila)de polímero,Appl. Clay Sci,**15**, 31-49,(1999).

[85] :D.Porter, E. MetcalfeandM. J. K. Thomas,Nanocomposite fireretardants,FireMater.,**24**, 45, (2000).

[86] : J.G. DohandI.Cho,Síntese e propriedades do híbrido de poliestireno organoamónio-morilonite ,Polymer Bull, 41, 511-518, (1998).

[87] :M. Zanetti, G. Camino, P. ReichertandR. Mülhaupt,Thermal behavior

ofpolypropylene layeredsilicatenanocomposites,Macromol,**22**, 176-180, (2001).
[88] : T. Kashiwagi, R.H.Harris Jr, X.Zhang, R.M. Briber,B.H. Cipriano, S.R.Raghavan, W.H. AwadandJ.R.Shields, Flame retardant mechanism of polyamide 6-claynanocomposites ,Polymer,**45**, 881-891, (2004).
[89] : H. Qin, S. Zhang, C Zhao,G. HuandM. Yang,Mecanismo retardador de chama de polímero/claynanocompósitos à base de polipropileno,Polímero,**46**, 8386- 8395,(2005).
[90] : M.C. Costache,M.J.Heidecker,E.ManiasandC.A.Wilkie, Preparation andcharacterization of poly(ethyleneterephthalate)/claynanocompositesbymelt blendingusingthermallystable surfactants,Polym.Adv. Technol, **17**, 764-771, (2006).
[91] : M.D. Sanchez-Garcia,E.Gimenezand J.M.Lagaron,Novel PETnanocompósitos de interesse em aplicações de embalagem de alimentos e desempenho de barreira comparativa com nanocompósitos de biopoliéster,Journal Of Plastic Film&Sheeting,**23**,133-148,(2007).
[92] L.K. Sahu, Bulkand interfacialffects on densityin polymer nanocomposites,tese de doutoramento, UniversityOf North Texas, (2007).
[93] X.Yuan,C.Li,G.Guan,Y.Xiao,D.Zhang,Thermaldegradationinvestigationofpoly(ethyleneterephthalate)/fibroussilicatenanocomposites,PolymerDegradationandStability,**93**,466-475,(2008).
[94] M.Tarameshlou,S.Jafari,H.A.Khonakdar,A.FakhravarandM.FarmahiniFarahani, nanocompósitos à base de animais de estimação feitos por nanocompósitos reactivos e remodificados,Polymer Journal,19 Número,521-529,(2010).
[95]:E.Manias,J.M.Heidecker,H.Nakajima,M.C.Costache e C.A.WilkiePoly(etilenetereftalato)nanocompósitos usados em nanocompósitos modificados com tensioactivos termoestáveis,Polimernanocompósitos termoestáveis e inflamáveis,100-120,(2011).
[96] :M. Dini, T. Mousavand, P. J.Carreau, M. R. KamalandM.T.Ton-that, Effectof water-assisted extrusion and solid-state polymerization on the microstructure ofPET/claynanocomposites,Polym.Eng.Sci.,**54**, 1723-1968, (2014).
[97] K.Shahverdi-Shahraki,Desenvolvimento de pet/kaolinnanocompósitos com propriedades mecânicas melhoradas,Tese de Doutoramento,UniversitéDe Montréal,(2014).
[98] F.Calderas, A.Sánchez-Solís, A.MacielandO.Manero, The transiento of the PET- PEN-Montmorilloniteclaynanocomposite,Macromol.Symp,354-360, (2009

CAPÍTULO III

DESCRIÇÃO DOS MATERIAIS ESTUDADOS E DOS DISPOSITIVOS EXPERIMENTAIS

III. 1 Introdução

Trata-se de descrever os materiais estudados, os componentes básicos, os nanocompósitos elaborados, a sua implementação, a nomenclatura das formulações estudadas e as técnicas experimentais de caracterização. As matrizes poliméricas utilizadas para a realização de nanocompósitos, nomeadamente o tereftalato de polietileno (PET) e o naftalato de polietileno (PEN), foram fornecidas pela equipa do Prof. F.J. Baltá-Calleja, "Instituto de Física da matéria do Conselho Superior de Investigação Científica (CSIC) Madrid (Espanha)". O agente de reforço utilizado é uma argila argilosa argelina conhecida como montmorillonita, pertence à família dos filossilicatos, denominada "Maghnite" que é extraída dos depósitos de Roussel de Maghnia "Argélia".

III.2 Descrição dos materiais

III.2.1 Polímeros de matrizes

Os polímeros utilizados como matrizes na preparação de nanocompósitos são o tereftalato de polietileno (PET) e o naftalato de polietileno (PEN). Reforçar estes termoplásticos com cargas (argila reactiva no nosso estudo) para formular nanocompósitos é uma abordagem eficaz para melhorar as suas propriedades estruturais, térmicas e mecânicas.

III.2.1.1 Politereftalato de etileno (PET)

Rhodia tipo S80 poli (tereftalato de etileno) (PET) é um poliéster termoplástico semicristalino, em forma de pellets brancos, de Rhodia- Ster, Yorkshire, Reino Unido, cujas características são mostradas na **Tabela 1.**

Quadro.1: Características do poli(tereftalato de etileno) utilizado

Aspecto	Fornecedor	Densidade (g.cm)-3	Peso Mv molecular (g/mol)	Temperatura de fusão (°C)
Pellets branco	Rhodia-Ster	1.35	45000	245

III.2.1.2 Naftalato de polietileno (PEN)

O polietileno naftalato (PEN) tipo Easman PEN 14991 é um poliéster termoplástico semicristalino, sob a forma de ellets brancos, da empresa Eastman, Haia, Países Baixos, cujas características são ilustradas em **(Tabela.2).**

Quadro.2: Características do poli (naftalato de etileno) utilizado

Aspecto	Fornecedor	Densidade (g.cm)-3	Peso molecular Mv(g/mol)	Temperatura de fusão (°C)
Pellets branco	Eastman	1.35	25000	267

III.2.2 O agente de reforço

A montmorilonite utilizada neste estudo é extraída dos depósitos de Roussel na região argelina de Maghnia, e fornecida pela ENOF, Argélia. A capacidade de troca catiónica desta montmorilonite é de cerca de $1,15\times10^{-3}$ mol/g **[1]**, a sua composição química é dada em **(Tabela.3).**

Tabela.3: Composição química da montmorilonite utilizada **[2].**

Elementos	SiO2	Al2O3	Fe2O3	MgO	CaO	Na2O	K2O	TiO2	P.A.F
(%)	49.6	14.7	1.2	1.1	0.3	0.5	0.8	0.2	11

Como foi indicado, no capítulo anterior, o método de elaboração de nanocompósitos que foi seguido neste trabalho não requer a modificação da argila. Como as argilas naturais contêm pela sua formação das impurezas, como a sílica livre, o quartzo, a cristobalita e uma certa quantidade de óxidos dos quais o ferro será necessário eliminá-los através da purificação da argila.

III.2.2.1 Purificação do barro

A argila bruta chamada Maghnite foi purificada para a remoção de minerais acessórios (quartzo, carbonatos, feldspato,...) e para a extracção das suas fracções finas (tamanho das partículas inferior a 2 µm) rica em minerais argilosos. O procedimento de purificação é o seguinte:

III.2.2.1.1 Trituração e peneiração

A argila bruta foi moída pela primeira vez com uma argamassa cerâmica específica, a fim de evitar qualquer contaminação nas suas composições químicas. O pó muito fino obtido foi, posteriormente, peneirado a 20 μm. Esta operação preliminar de peneiração permite reduzir consideravelmente as impurezas (quartzo, carbonato...) eliminando as grandes partículas, o que facilita mais tarde as operações de purificação.

III.2.2.1.2 Colocando em solução

Após moagem e peneiração, a argila foi dissolvida a uma concentração de 10% sob agitação durante 24 horas à temperatura ambiente. A suspensão recolhida foi então centrifugada e a parte cinzenta, rica em impurezas, foi descartada. Este ciclo de sedimentação foi repetido várias vezes. Após várias lavagens, foi necessária uma separação de fases, por centrifugação, para recuperar a fracção argilosa.

Finalmente, a massa recuperada foi seca, esmagada e finamente peneirada para estar pronta para o passo seguinte (activação da argila) onde foram utilizados três agentes reactivos.

III.2.3 Agentes reactivos

A realização de nanocompósitos por extrusão reactiva requer a utilização de um sistema composto por três químicos chamados agentes reactivos, que são Peróxido de dicumilo (DCP), dissulfureto de tetra metil tiamida (TMTD) e enxofre.

III.2.3.1 Dicumyl peroxy de (DCP)

O peróxido de dicumilo é um peróxido de tipo dialquilo, à temperatura ambiente é sob a forma de pó cristalino branco. É um poderoso agente oxidante, a sua fórmula bruta é $C18H22O2$, de estrutura desenvolvida representada na **(figura.1)** é insolúvel em água mas solúvel em álcool, éter, ácido acético, benzeno e éter de petróleo. É considerado uma fonte de radicais livres utilizada como iniciador para polimerização, um agente catalítico e vulcanizante para elastómeros, e um agente de reticulação para poliolefinas ou agente solidificador **[3]**.

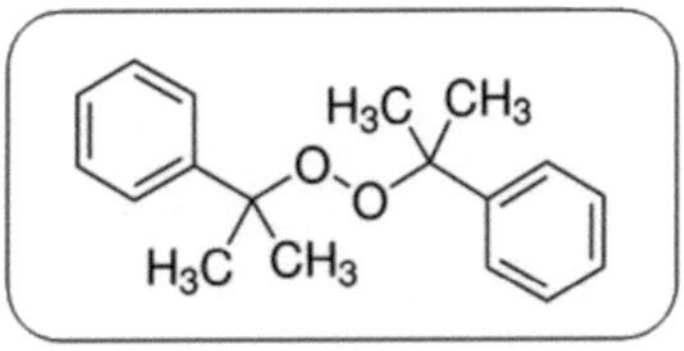

Figura.1: Estrutura do peróxido de dicumilo As suas características são ilustradas em **(quadro.4).**

Quadro.4 Características do peróxido de dicumil

Temperatura de derretimento(°C)	Densidade relativa	Temperatura de decomposição (°C)	Pureza (%)	Fornecedor
41-42	1.082	120-125	98	NORAX (Alemanha)

III.2.3.2 Dissulfureto de tetra metil tiamida (TMTD)

O dissulfureto de tetrametil tiuram (TMTD) é um pó branco ou amarelo claro, a sua fórmula molecular é C6H12N2S4; a sua estrutura é mostrada em **(figura.2).** Pertence à família dos sulfuretos de tiuram, que são pedais de gás de vulcanização. É solúvel em benzeno, acetona, clorofórmio, e álcool, insolúvel em água.

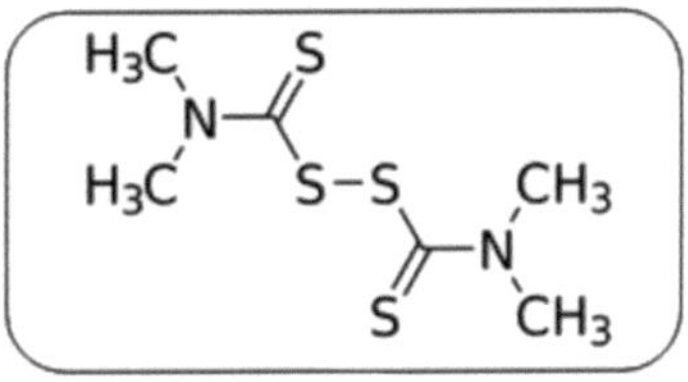

Figura.2: Estrutura do dissulfureto de tetra metil tiamida

É utilizado como acelerador de vulcanização na indústria da borracha natural e sintética e do látex, e também pode ser utilizado como agente vulcanizante **[4].** TMTD é um excelente pedal de gás secundário para tiazóis, pois pode ser utilizado com outros pedais de gás para vulcanização contínua, no fabrico de pneus, sapatos de borracha, cabos, como insecticida na agricultura e como lubrificantes **[5].** O TMTD utilizado no nosso trabalho é do tipo super acelerador 501 e as suas características físicas estão listadas na **Tabela 5.**

Quadro.5 Características do dissulfureto de tetra-metil tiamida

Temperatura de fusão (°C)	Densidade (g.cm)-3	Temperatura de decomposição (°C)	Fornecedor
155-156	1.3	270	Rhône-Poulenc (França)

III.2.3.3 Enxofre

A química do enxofre está muito desenvolvida, na tabela periódica de elementos, o enxofre está localizado logo abaixo do oxigénio. Teremos portanto funções de tiol (- SH) cuja reactividade é semelhante à das funções hidroxil (-OH). Este elemento, irá satisfazer funções C = S, uma vez que existem funções C = O. No entanto, existe uma grande diferença entre oxigénio e enxofre (a sua estrutura electrónica é bastante diferente). O enxofre é um sólido amarelo, inodoro, insípido, insolúvel na água (solúvel em benzeno e dissulfureto de carbono (CS2), com fracas propriedades mecânicas, condutor muito pobre e diamagnético. O enxofre no seu estado sólido está na forma de pó: a flor de enxofre, que é obtida por sublimação; na forma de bloco moldado: enxofre em cânone; bem como na forma granular (enxofre esmagado). É possível obter enxofre coloidal ou leite de enxofre (por exemplo, acidificando uma solução de ião tio sulfato), bem como enxofre plástico e várias formas amorfas de enxofre por têmpera do enxofre fundido**[6].**

O enxofre utilizado no nosso estudo é um enxofre considerado como um agente vulcanizante fornecido pela Wuxi Huasbeng Company, China.

III.2.4 A argila reactiva

O método que permite obter uma argila reactiva foi descrito na patente de S. Bouhelal **[7]**. No início, os agentes reactivos foram dissolvidos numa solução de acetona, as proporções devem ser respeitadas para que o peróxido e o enxofre sejam partes iguais é quatro vezes a quantidade do pedal do acelerador. Em relação ao volume de acetona é três vezes superior à matéria seca e a massa global dos agentes é 1/10 da massa da argila purificada.

III.3 Preparação de materiais

A elaboração dos materiais consiste, primeiro, na preparação de nanocompósitos com base em matrizes poliméricas separadas, depois as misturas virgens ou na presença de argila. Esta elaboração foi implementada por extrusão reactiva por fusão, utilizando uma plastografia do tipo Plasti corder de Brabender. Esta última é composta por uma unidade dinamométrica que permite accionar dois rotores e os torna O parafuso é rodado no sentido contrário, numa câmara com uma capacidade de 50cm^3 , assim como um sistema de controlo de temperatura, que permite fixar a temperatura de acordo com as condições de trabalho que são as mesmas para todas as misturas: temperatura T=280°C, velocidade do parafuso = 45 rotações; tempo de residência = 10min. Os materiais PET e PEN foram misturados e processados no estado fundido de acordo com quatro categorias:

1. PET + argila reactiva

2. PEN + argila reactiva

Relativamente a estas duas categorias, as formulações variam de acordo com a taxa de argila reactiva que varia de 0 a 10%. As composições contendo argila, também conhecidas como nanocompósitos, são anotadas ou nPET ou nPEN e seguidas pelo número que designa a taxa de nanocomposição. As composições são recolhidas na **tabela.6**.

Tabela.6: Classificação das diferentes composições PET e PEN

Amostra PET	Composição em peso de barro (w%)	Amostra PEN
PET	0	PEN
nPET2.5	2.5	nPEN2.5
nPET4	4	nPEN4
nPET5	5	nPEN5
nPET7.5	7.5	nPEN7.5
nPET10	10	nPEN10

3. Mistura virgem (sem argila), PET +PEN

Para esta categoria as formulações são anotadas PET/PEN.

4. Mistura enchida (com argila reactiva), PET+PEN+ argila reactiva

E finalmente estas últimas formulações são anotadas n(PET/PEN). As composições são recolhidas na **(tabela.7)**.

Tabela.7: Notação das diferentes composições de misturas PET/PEN e n(PET/PEN)

	PET/PEN 0/100	PET/PEN 20/80	PET/PEN 30/70	PET/PEN 50/50	PET/PEN 70/30	PET/PEN 80/20	PET/PEN 100/0
%PET	0	20	-	50	-	80	100
%PEN	100	80	-	50	-	20	0
%nPET	0	20	30	50	70	80	100
%nPEN	100	80	70	50	30	20	0
	n(PET/PEN) n(0/100)	n(PET/PEN) n(20/80)	n(PET/PEN) n(30/70)	n(PET/PEN) n(50/50)	n(PET/PEN) n(70/30)	n(PET/PEN) n(80/20)	n(PET/PEN) n(100/0)

III.4 Técnicas experimentais

Uma prensa hidráulica foi utilizada para preparar filmes para diferentes caracterizações. A fim de obter amostras adequadas, foi imposta a têmpera para omitir ou parar a cristalização e favorecer a fase amorfa.

III.4.1 Análise da estrutura química

III.4.1.1. Espectroscopia de Infravermelhos por Transformada de Fourier (FTIR)

A Espectroscopia de Infravermelhos por Transformada de Fourier (FTIR) é um método analítico que fornece informações sobre a estrutura molecular do composto a ser analisado. Esta técnica permite identificar e quantificar o aparecimento e desaparecimento de grupos funcionais a partir dos modos vibracionais de átomos e moléculas, bem como a transformação que ocorre na estrutura em cadeia.As análises foram realizadas utilizando um instrumento do tipo "PerkinElmer1000" com uma resolução de 4cm^{-1} para um intervalo de estudo de 4400 a 450 cm^{-1} com uma média de 200 varreduras para cada espectro.

III.4.2. Caracterização morfológica

III.4.2.1. Microscopia electrónica (SEM)

A microscopia electrónica de varrimento foi utilizada para caracterizar a micro dispersão de Montmorillonite dentro das misturas. As amostras foram observadas com um microscópio JEOLJSM 7001F. O campo eléctrico utilizado é superior a 10^9 v/m e a voltagem útil de aceleração é de 0,1 a 30 kV.

III.4.2.2. Microscopia ligeira

As observações ao microscópio de luz transmitida e reflectida foram realizadas utilizando um microscópio Carl Zeiss AXIOSCOP 40 equipado com uma câmara digital KAPPA utilizando um sensor CCD.

III.4.2.3. Microscopia da Força Atómica (AFM)

A microscopia da força atómica baseia-se na interacção de uma sonda local (ponta) com uma amostra de acordo com o deslocamento controlado da ponta-amostra. Assim que a ponta se aproxima da superfície, é submetida a uma força atractiva ou repulsiva dependendo da "distância de ligação" **(Figura.3).** Esta interacção provoca uma deflexão da alavanca. A deformação desta última é detectada por um laser e fotodíodos que transmitem a informação (diferença de tensão) a um computador que, por sua vez, reconstitui uma imagem da superfície.

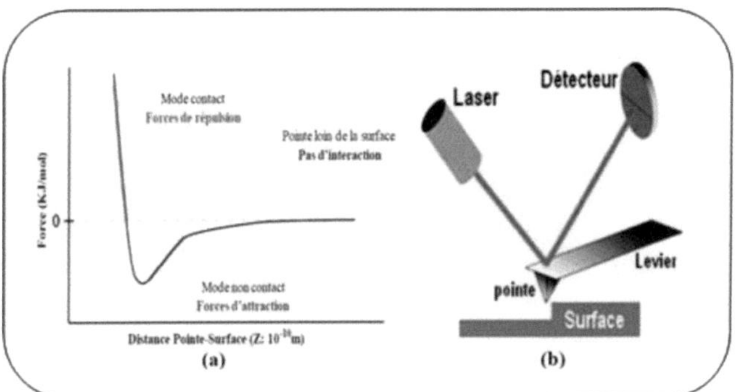

Figura .3: Princípio de funcionamento do microscópio de força atómica **[8]**:
(a) Curva das forças que actuam na ponta do AFM.
(b) Esquema da configuração da medição Existem três métodos de digitalização AFM:

- O modo de contacto. Neste caso, a ponta permanece em contacto constante com a superfície. A deflexão da alavanca permite seguir a topografia da superfície.
- O modo sem contacto. Neste caso, a ponta está suficientemente afastada da superfície (10 a 100 nm). A força de interacção da ponta com a superfície provocará uma mudança na frequência de ressonância da alavanca. Inversamente, para uma dada frequência de excitação, a amplitude das oscilações é modificada.
- O modo de contacto intermitente (toque) consiste em ajustar o sistema de alavanca de ponta em oscilação a uma frequência igual ou próxima da sua frequência de ressonância. A interacção ponta-amostra induz uma mudança na amplitude da oscilação, bem como uma mudança de fase entre a oscilação natural da alavanca e a oscilação forçada.

Uma superfície é geralmente descrita pela sua morfologia e pela sua topografia. A morfologia está relacionada com os aspectos qualitativos da superfície (forma e distribuição dos grãos) enquanto que a topografia corresponde à quantificação dos aspectos morfológicos (tamanho lateral, altura e diâmetro dos grãos). Assim, a rugosidade é o parâmetro escolhido para avaliar a estruturação morfológica. Muitas definições podem ser responsáveis pela rugosidade. A que utilizamos neste trabalho é a rugosidade média Rms (nm) definida pela média aritmética dos valores absolutos das diferenças entre os picos e os canais ponto por ponto e é medida com o software de processamento de imagem AFM. As imagens de AFM foram registadas em modo de contacto com um microscópio Asulym Research-Model MFP-3D, com temperatura e pressão ambiente. Foi utilizada uma frequência ressonante de 1 Hz e uma escala de 50 μm.

III.4.2.4. Difracção de raios X (XRD)

O método consiste no envio de um feixe de raios X de comprimento de onda X sobre a amostra. O sinal difratado é então analisado. Para cada ângulo de incidência do feixe, corresponde uma intensidade do sinal difratado. Esta difracção de raios X em grandes ângulos é uma técnica comummente utilizada para estimar a distância entre as camadas de argila dada pela fórmula de Bragg:

$$d = \frac{1hkl\boldsymbol{\lambda}}{\boldsymbol{2sin\theta}}$$

d hkl = distância inter-foliar entre as lamelas de argila (Ao).

(os índices hkl que designam a direcção dos planos considerados no cristal). θ = ângulo de incidência dos raios X (rad).

X = comprimento de onda característico dos raios X (A°).

III.4.2.4.1. A lei Debye-Scherrer:

A lei Debye - Scherrer permite avaliar as dimensões médias dos cristais relacionando directamente as bandas de absorção com o tamanho médio dos cristais do sólido e ter uma estimativa.

Dhkl = Kλ / (b cosθ)

Dhkl: tamanho médio do cristal na direcção hkl em Å. K: constante igual a 0,9.
b: largura angular a meia altura do pico de difracção em radianos. θ: Ângulo de Bragg.
λ: comprimento de onda da radiação em Å.
Neste estudo, as análises XRD foram realizadas utilizando um difractómetro Seifert com uma fonte de radiação monocromadora Cu-Kα1 (λCuKα1 = 0,1542 nm) que funciona com uma tensão de aceleração de 40 kV e uma corrente de 35 mA.

III.4.3. Análise térmica

III.4.3.1. Calorimetria Exploratória Diferencial (DSC)

A calorimetria diferencial de varrimento permite determinar, em função da temperatura, as alterações endotérmicas e exotérmicas causadas por modificações físicas (transição vítrea, fusão, cristalização) ou químicas (polimerização, oxidação, degradação) de um material. O registo de um sinal proporcional à diferença de fluxo de calor entre estes dois elementos permite então a determinação da sua alteração térmica específica associada (ΔCp). As medições foram efectuadas utilizando um aparelho Perkin-Elmer DSC-7 na Unidade de Física Macromolecular (Instituto de Estrutura da Matéria, Madrid, Espanha) numa gama de temperaturas de 40 a 200°C com uma taxa de aquecimento de 10 °C/min sob um fluxo constante de azoto (0,1 l/min). Todos os testes deste estudo foram realizados em amostras com massa entre 5 e 10 mg.

III.4.3.2. Análise termogravimétrica (TGA)

A análise termogravimétrica é uma técnica de análise térmica que permite determinar a perda de massa de um material ao longo de um ciclo de temperatura ou tempo, numa atmosfera controlada. Assim, esta técnica é utilizada para caracterizar a decomposição e a estabilidade térmica dos materiais. As medições foram realizadas utilizando um instrumento do tipo Perkin Elmer (TGA4000) sob atmosfera N2 e numa varredura de temperatura de 30°C a 880°C com uma taxa de aquecimento de 20°C/min.

III.4.3.3. Análise Térmica Mecânica Dinâmica (DMTA)

A análise termo-mecânica dinâmica (DMTA) permite determinar a evolução das propriedades mecânicas, tais como o módulo de elasticidade e o factor de perda em função da temperatura a pequenas deformações a diferentes frequências de solicitação. Permite também determinar algumas propriedades características dos materiais poliméricos, tais como a transição vítrea.

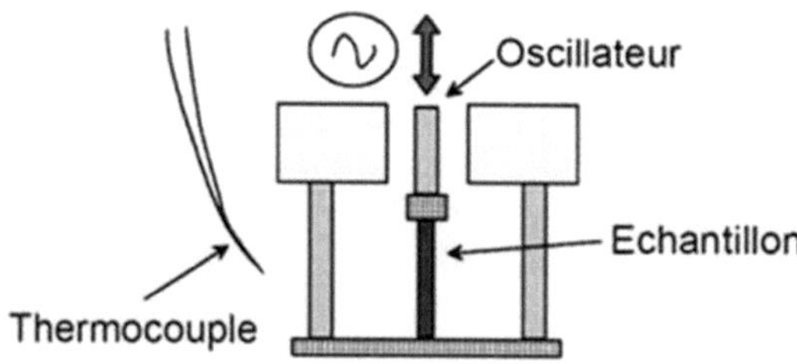

Figura.4: Montagem experimental de uma análise DMTA em tracção em filmes **[9].**

A amostra é sujeita a um stress dinâmico sinusoidal $\zeta=\zeta_0$ **.sin(ωt)**, a uma dada frequência. Responde a este stress por uma deformação dinâmica sinusoidal da mesma frequência que a força, mas com algum deslocamento de fase φ: $\varepsilon = \varepsilon_0 \sin(\omega t+\theta)$. As magnitudes da tensão, tensão e deslocamento de fase são utilizadas para determinar o módulo complexo do material dado um factor geométrico. Dependendo do modo de carga, obtém-se o módulo de cisalhamento, G*, ou o módulo de elasticidade, E*. O módulo E* expressa a relação entre tensão e deformação de acordo com a lei de Hooke, uma vez que o sistema induz apenas deformações muito pequenas ao material, o que permite permanecer no seu domínio elástico. Este termo inclui um componente de conservação (E") que caracteriza o comportamento elástico (quando a deformação está em fase com a tensão periódica aplicada) e um componente de perda (E"') que mede a energia mecânica dissipada sob a forma de calor durante a deformação elástica. Esta parte imaginária do módulo é chamada viscosa e ilustra uma mudança de fase de π entre a força e a deformação. Os valores determinados do módulo são altamente dependentes de possíveis variações da geometria da amostra durante a medição. Uma quantidade que teoricamente não depende destas variações é o factor de perda ou coeficiente de amortecimento definido pelo **tan δ =E"/ E'[9]**.

As variações de E* e tanδ com a temperatura correspondem a fenómenos de relaxamento associados aos vários graus de liberdade das cadeias macromoleculares. Em particular, na passagem da transição vítrea (Tg), observamos uma queda acentuada nas propriedades mecânicas. À medida que a frequência de oscilação aumenta, podemos observar uma mudança do pico tanδ da característica Tg para temperaturas mais elevadas. Isto ilustra a forte dependência temporal desta transição estrutural.

Para uma dada frequência, as temperaturas das transições microestruturais podem ser determinadas por diferentes métodos:

- Traçando o logaritmo da curva E'(T), neste caso, a temperatura procurada é o valor do ponto de inflexão da curva,
- Pela derivada da curva E'(T) em função do tempo; neste caso, a temperatura procurada é o pico.
- Pelo valor do pico da curva tanδ.

Para atingir a temperatura de -100°C, as amostras são arrefecidas através de uma circulação de azoto líquido com uma taxa de aquecimento de 2°C/min **[9]**.

O dispositivo utilizado é uma marca NEZSCH (referência DMA 242C). As frequências de oscilação escolhidas são as seguintes: 1,5Hz.a gama de temperaturas estudada é de 100 a 150°C.

III.4.4 Propriedades mecânicas

III.4.4.1 Teste de tracção

O ensaio de tracção foi realizado para avaliar as propriedades de tracção das diferentes composições nanocompostas para determinar a influência da adição de Montmorillonite nas propriedades de tracção da matriz virgem. O módulo de Young, a resistência à tracção e o alongamento na ruptura foram avaliados em função da fracção de massa de argila em todas as séries de nanocompostos. Foram efectuados ensaios de tracção à temperatura ambiente numa máquina de ensaio universal (Proline Zwick Roell) assistida por microcomputador. As amostras são mantidas durante o teste por mandíbulas pneumáticas, evitando qualquer deslizamento da amostra durante a tracção. A taxa de deformação inicial foi fixada em 5 mm/min.

III.4.4.2 Teste de resiliência

Este teste foi desenvolvido para caracterizar a fragilização do material sob a acção de um impacto, medindo a resistência de um material a uma falha súbita. É frequentemente referido como o teste de impacto CHARPY. É um teste de resistência ao impacto, que consiste em medir a energia necessária para quebrar uma amostra previamente entalhada. Geralmente utilizamos uma amostra em forma de barra quadrada com dimensões padrão (10mm x 10mm x 55mm). O entalhe pode ser em forma de V (ângulo de 45° e 2mm de profundidade) ou em U com uma profundidade de 5mm e um raio de 1mm no fundo do entalhe. O ensaio consiste em impor um impacto ao nível do entalhe, sendo a peça de ensaio mantida por dois suportes na face oposta de modo a provocar a abertura da fenda. Para este fim é utilizado um pêndulo de carneiro CHARPY.

III.4.4.3 Teste de microdureza

O teste de dureza Vickers consiste em imprimir no metal testado um indentro diamantado de forma piramidal geométrica com uma base quadrada, com um ângulo no topo entre duas faces opostas de 136°, sob a acção de uma força conhecida **(Figura.5)**. A diagonal do recuo quadrado deixado pelo indentro é medida **[10]**.

Geralmente a gama de forças utilizadas é de 5 a 100 kgf **[11]**.

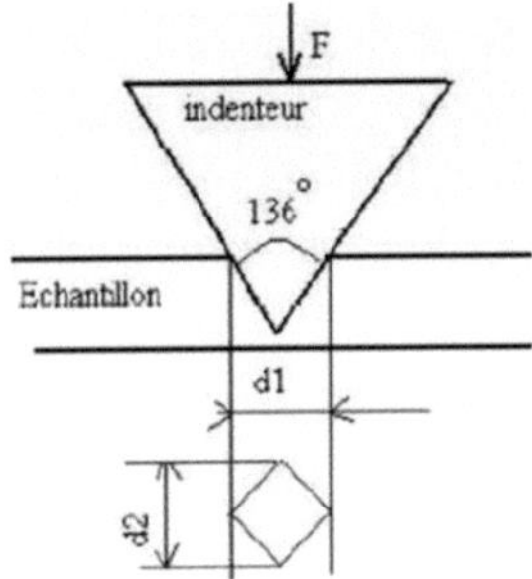

Figura.5: Princípio da dureza Vickers A dureza Vickers HV é definida por **[10]:**

136°2F.sin)

com:

HV =(2 $g.d2$

HV = Dureza Vickers.

F = Força aplicada [N].

d = Média das diagonais da cavidade [mm].

g = Aceleração da terra. [m s^{-2}] (9.80665).

III.4.5 Conclusões

As misturas compatíveis de nanocompósitos PET/PEN foram obtidas com sucesso por processo de fusão utilizando uma argila crua não modificada, assegurando assim uma esfoliação total numa só etapa. Os resultados obtidos permitiram concluir que: O desaparecimento do pico característico da argila na análise da difracção de raios X (XRD) para as composições nPET2,5, nPET4 e nPEN7,5, significa que mostram uma esfoliação total. Os espectros obtidos pela Espectroscopia de Infravermelhos por Transformada de Fourier (FTIR), mostraram que os picos associados à estrutura octaédrica desaparecem após a destruição da estrutura correspondente, os componentes organometálicos da estrutura octaédrica da argila, são responsáveis por este fenómeno. As composições mais preocupadas são nPET4 e nPEN7.5. A microscopia da força atómica (AFM) mostrou uma esfoliação total para as composições nPET4 e PEN7.5 a partir das quais a homogeneidade da rugosidade é claramente evidente. Isto foi confirmado pela microscopia óptica (ausência de carga micrométrica) para estas duas composições. A análise térmica por DSC confirmou os resultados das análises de estrutura e morfologia em que a composição nPET4 fez uma excepção no aumento da temperatura de cristalização induzida (estimada em 10°C) em comparação com os outros nanocompósitos e 30°C em comparação com o PET primitivo. O mesmo fenómeno foi observado para a nPEN7,5, onde o aumento da temperatura de cristalização induzida é estimado em 7°C em comparação com outros nanocompósitos e 20°C em comparação com a PEN virgem. Em relação às misturas, todas as composições primitivas, bem como as dos nanocompósitos, exibiram uma única temperatura de transição vítrea Tg, uma única temperatura de cristalização Tc e uma única temperatura de fusão Tf. Na análise termogravimétrica (TGA), podemos notar uma perda de massa mínima para os nanocompósitos nPET4 e nPET5, bem como para a composição dos nanocompósitos nPEN7.5, tanto para Tonset como para Toffset. Esta melhoria, significa a presença de um sistema de esfoliação total. Para a Análise Dinâmica Termomecânica (DMTA), o módulo de armazenamento (E') do nanocomposto nPET é superior ao da matriz PET não preenchida, em contraste com a PEN onde o módulo de armazenamento é inferior para o nanocomposto nPEN.E finalmente, no que respeita às propriedades macro e micro mecânicas, a incorporação de argila nas matrizes PET e PEN, favoreceu uma diminuição do módulo do Young em comparação com o PET virgem e PEN. O módulo de tracção, mostrou um elevado efeito sinérgico para a composição n(PET/PEN)

30/70. Relativamente à resiliência, as composições nPET4 e nPEN7,5 apresentaram os valores mais elevados, pelo que um conteúdo de argila de 4 wt% para PET e 7,5 wt% para PEN parece induzir resistência e rigidez ao material de acordo com os resultados das propriedades mecânicas. Além disso, o efeito sinérgico foi observado para as misturas (PET/PEN), mas com maior conteúdo de PET (cerca de 50%). O aumento da resistência ao impacto mostra o efeito da presença de nanohetas no sistema esfoliado. Para a microdureza, os resultados mostraram que os valores de H são muito semelhantes, pelo que a presença das nano folhas não parece ter muita influência nos valores de microdureza quer para os nanocompósitos nPET, nPEN, quer para as misturas. A obtenção de um único Tg, Tc e Tf para cada composição de misturas (PET/PEN), virgens ou nanocompósitos confirma a compatibilidade do sistema. O processo de extrusão reactiva, escolhido para a preparação de ambos os tipos de misturas, melhorou a compatibilidade, resultando em misturas estáveis com propriedades mecânicas melhoradas. Algumas composições mostraram sinergismo em propriedades mecânicas.

REFERÊNCIAS BIBLIOGRÁFICAS

[1] :H.J.Salavagione,D.Cazorla-Amorós,S.Tidjane,M.Belbachir,A.Bouyoucef,E.Morallón,Eur. Polym.J.,**44**,1275-1284,(2008).

[2] A. Melouki, tese de Magister, Universidade Ferhat Abbas Setif, (1998).

[3] : D. K. Thomas. Crosslinkingefficiencyof dicumyl peroxide in naturalrubber,**6**, 613-616,(1962) Journal of Applied PolymerScience,**6**, 613-616,(1962).

[4] R.L.ZappandF.P.Ford,Stabilityof thevulcanised crosslink in Rubbers,TheoryandApplication.Journal of Applied PolymerScience,**2**, 97-113,(2009).

[5] M.Gordon,KineticsandMechanismof Accelerated SulfurVulcanization, Journalof AppliedPolymerScience, 5, 485-498, (2007).

[6] K.Wimacker,L.Kuchler.Technologie Minérale. Edição EYROLLES, Traité deChimie Appliquée, Segunda parte **(1964)**.

[7] S.Bouhelal,S.Bouhelal,Alto impacto argilo-polimero moldado por reticulação de peróxido, U.S.Pat,**7**, 550, 526, (2009).

[8] A.L.Weisenhorn,P.K. Hansma,T.R. Albrecht,C.F.Quate,Atomic forcemicroscope,Appl.Phys.Lett. **54,** 2651, (1989).

[9] M.Poncot,Thermomechanicalbehaviorofloadedpolymers de acordo com diferentes vias de deformação e tratamentos térmicos,tese de doutoramento,EcoleNationaleSupérieuredesMines deNancy,(2009).

[10] P.KEMPE,NanoindentationandmicrorayageincontrolledenvironmentConference,SF2MSecti on-Ouest : Surfaces et Interfaces,indation,rayandabrasion,Angers, 16 e 17Março 2005.

[11] : A. Bolshakov,G.M.Pharr,Influências da acumulação na medição de propriedades mecânicas por carga e técnicas de detecção de profundidade,Journal ofmaterialsresearch,**13**, 1049, (1998).

Printed by Books on Demand GmbH, Norderstedt / Germany